狩猟と先住民から学ぶ
〝いのち〟の巡り

獲る
食べる
生きる

黒田未来雄
Mikio KURODA

小学館

獲る 食べる 生きる

狩猟と先住民から学ぶ〝いのち〟の巡り

小学館

Prologue

息子よ。
お前に祖先から受け継がれてきた、
大切なしきたりの話をしよう。

カナダ西部の先住民に伝わる
トーキングスティック
（話し合いのための杖）の教え。
杖を持つ者が思いの全てを
語り、次の人に杖を渡す

我々の掟や進むべき道は、
年寄りや酋長、そして部族の話し合いによって
決められてきた。

私たちは話し、ひたすら話し、
言うべきことがなくなるまで話した。

最後の一人が話し終わったとき、
道は自ずと定まっていた。

そしてまた皆で力を合わせ、
歩み続けてきたのだ。

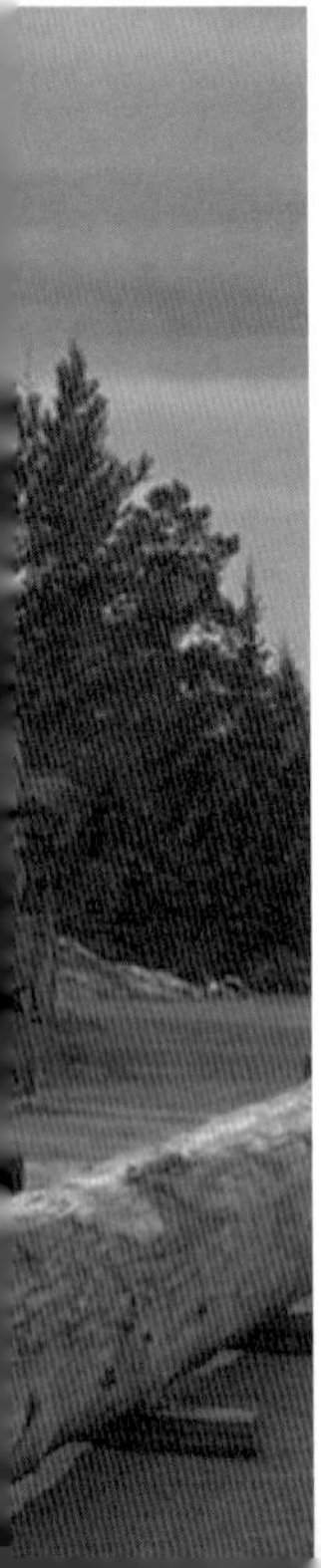

先住民の集落を見守るように立つトーテムポール。長い時間をかけて、大地と水と空に還ってゆく

その話し合いのための杖を、
お前に授けよう。
お前が堂々と、
世界に語りかけることができるように。
話すべきときがくるまで、
きちんと自分の番を待ちなさい。
それまではしっかりと、
他の人の言葉に耳を傾けなさい。

自分が話すときには、
祖父や祖母、母親や私、
特に母の教えを思い起こしながら、
いつも私たちの愛と共に在りなさい。

お前が一族の想いを継ぐ者として
語っていることが、
聞き手に伝わるように。

お前がこの杖を握るとき、
それは私の手を握っているのと同じだ。
心の中にはいつも私が甦るだろう。

そしていつの日かお前にも、
この杖を若き話し手に譲るべきときが訪れる。

そのときは息子よ、必ず伝えてほしい。

私たちの掟、道理、進むべき道について話すときは、
大いなる覚悟と信念を持って話さなくてはならないと。

胸を張り、我らが叡智と勇気を、
世界の同胞に示すのだ。

ゆけ、息子よ。
この杖はもう、お前のものだ。

文字を持たなかった北米先住民は、部族の神話や大切な教えを、全て口伝えで語り継いできた

獲る 食べる 生きる

目次

北米先住民MAP（本書に登場する部族関連）

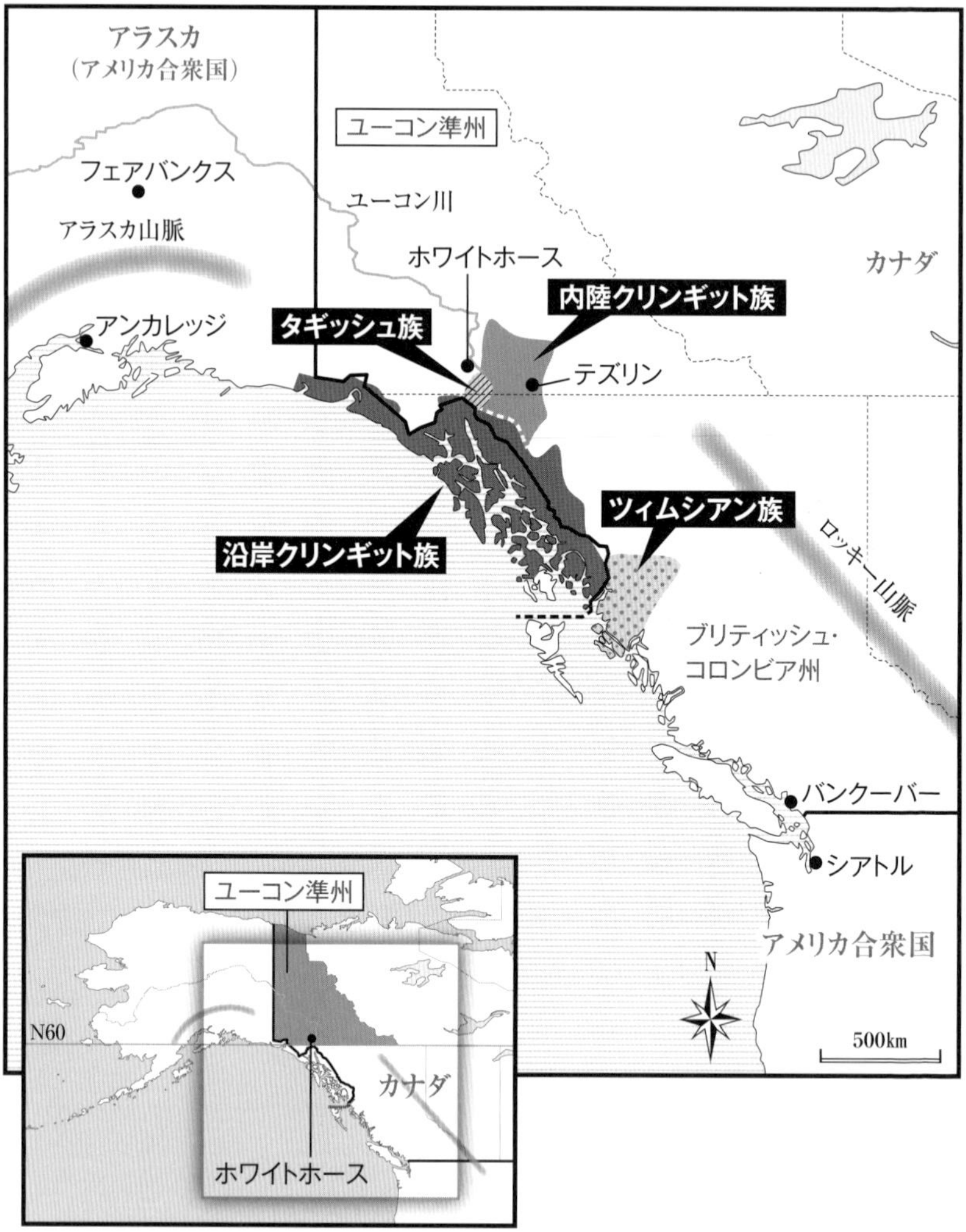

参考資料／Catharine McClellan,"Part of the Land, Part of the Water", Douglas & McIntyre
https://www.penn.museum/sites/expedition/the-tlingit-map-of-1869/ 等を参考に編集部で作成

遥かなるユーコン

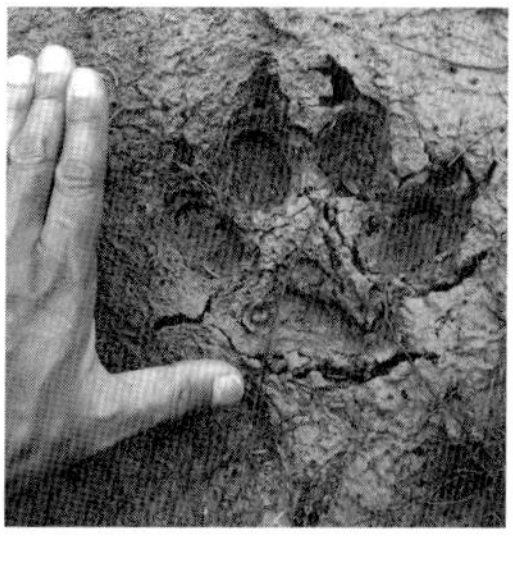

「ミキオ。今夜は、テントを張らずに寝てみるか？」
嘘だろうと耳を疑った。北緯60度。カナダ北西部、ユーコン準州の奥地。とある湖のほとりでのこと。時は2006年10月。僕は34歳だった。狩猟を始める10年以上も前で、いずれ自分がハンターになるなど、想像だにしていなかった。
ユーコンの10月ともなれば、最低気温はマイナス10℃を下回ることもある。無謀としか思えない提案をしてきたのは、この地域の先住民。インディアン、と言えばイメージしやすいかもしれないが、それはコロンブスがアメリカ大陸をインドと勘違いしたことからついた呼び名で、近年ではファーストネーションと称される。男の名は、キース（Keith Wolfe Smarch）。タギッシュ／クリンギット族で、僕より10歳ほど年上だ。鼻の下に髭を蓄え、長く伸ばした髪をいつも後ろで束ねている。

その年、たまたま日本でキースと知り合って意気投合した僕は、毎年会社から与えられる1週間の休暇を利用して早速カナダまで会いに行った。自然が大好きだと話していた僕を、キースは当たり前のように山に連れ出した。以来、僕は毎年のようにユーコンに通い、幾多の夜を、彼と焚き火を囲んで過ごすことになるのだが、これはその最初の日の話だ。

キースに言われるがまま、森にたくさん生えているトウヒという針葉樹からなるべく細く長いものを2本選び、根元からノコギリで伐《き》った。それをキャンプサイト、というより正しくは野宿スポットまで運ぶと、今度は斧を使って全ての枝を落とす。細長い丸太が2本出来て、トウヒの枝がどっさりと地面に積み上げられた。次に、枝の先端を葉をつけたままでどんどん切り落とす。クリスマスツリーの葉に似た、試験管を洗うブラシのような形といえばイメージが湧くだろうか。それを地面に斜めに刺してゆく。隙間なく横並びに、3メートルほど。1列を差し終わると、その上にまた次の列を足す。いわば、トウヒの葉を使って、地面に瓦を葺《ふ》いている感じだ。

しばらくすると、新鮮な緑色をした長方形の床が完成した。寝転がってみると、適度な弾力があってとても気持ちがいい。驚いたのは豊かな香りだ。息を吸い込むと、針葉樹独特のすっきりとした匂いが胸一杯に広がる。キャンプマットを膨らませなくても、自然素材でこんな素敵な床が出来上がるなんて。初めての体験に胸が高鳴る。

キースに連れられて行った野営地の前に広がる薄暮の湖

トウヒの葉を敷き詰めた「リーン・ツー」スタイルのシェルターにてキースと筆者

次はその上に屋根を作る。キースが物陰から、細長い丸太を何本か出してきた。美しい湖に面し、豊かな森に囲まれたこの場所は、彼が繰り返し野宿をしているお気に入りのスポットだ。以前に伐ったものを次も使おうと、とっておいたそうだ。

「柱にする木も、薪《まき》にする木も、全部立てかけて置いておくんだ。地面に横倒しにするとすぐに湿り、腐ってしまうからな」

なるほど、確かに。キースが教えてくれることはいつも、知識というより、知恵と呼ぶほうがしっくりくる。単なる情報ではなく、確固たる経験と観察に根ざしている。

2本の丸太を揃え、片方の端をロープで結ぶ。結んだ方を上にして下側を開き、Vの字を逆さまにしたような形にする。それを2セット作り、トウヒの葉を敷き詰めた長方形の床の、左右の短辺の脇にそれぞれ立てる。続いて、その天辺に一番長い丸太を渡して結びつけ、梁《はり》とする。これが骨組みだ。上から防水シートを被せて屋根と横壁を作り、完成した。

「リーン・ツー」と呼ばれるシンプルな構造のシェルターだ。

キースが子供の頃は、屋根も壁も全て葉のついたトウヒの枝で作ったそうだ。しかし、あまり多くの木を伐るのは良くないため、今はシートで代用することが殆《ほとん》どだという。風を防ぎ、地面からの冷気を遮断してくれる今宵の宿。早く寝てみたい。夜が待ち遠しい。

シェルターを仕上げた僕らは、森を散策することにした。キースはひっきりなしに、色々なことを教えてくれた。

例えばトウヒのガム。トウヒの樹皮が剝《は》がれたところに、古い松ヤニのように固まっている樹液を指先でこそぎ取る。ビー玉くらいの分量が集まったら、口に含む。軽い力で噛《か》みながら一つの塊にまとめてゆく。最初はかなり苦いが、気にせずに唾《つば》を吐きながら噛み続ける。しばらくすると、甘くはないが爽やかな風味のガムが出来上がる。ポイントは、できるだけカチカチになった古いヤニを選ぶことと、最初は力を入れずにゆっくりと噛むことだ。それを聞く前に、柔らかいヤニをいきなり強く噛んでしまった僕は、上下の歯が強力な接着剤でくっついたような事態となり、酷い目にあった。無農薬、無添加、そして無料のガム。風味が薄まれば、また作ればいい。材料は森の中にいくらでもある。

ラブラドール・ティーと呼ばれる灌木《かんぼく》の葉は、微《かす》かな甘みを感じる上品なお茶を淹《い》れることができる。基本的には葉を煮出すが、花の時期には、白い集合花を丸ごと入れてしまってもいい。紅茶と混ぜても良し。そこにトウヒの葉を一つまみ加えれば、更に味の変化が楽しめるそうだ。

アルパイン・ファーという木の樹皮も煎じてお茶にする。こちらは、すっとした爽やかな風味。風邪や喉の痛みにもいいらしい。幹の表面にできる小さなコブを潰すと、中にたっぷりと詰まっていた樹液がとろりと流れ出す。これを軟膏に混ぜると、アロマキャンドルのような香りのハンドクリームが出来上がる。切り傷や火傷などによく効く。昔は樹液をそのまま傷口に塗り、上からヘラジカの皮を貼って絆創膏にしていたそうだ。傷が治るとひとりでに剝がれ落ちてくれる優れものだ。

辺りにたくさんなっている小さな赤い実は、ハイブッシュ・クランベリー。本物のクランベリーとは全くの別種だ。もいで口に放り込む。味はベリーというよりは梅干に近く、キリッとした酸味がたまらない。いくらでも食べられる。見つけるたびに胸が高鳴る。可憐に輝く実が、小さな宝石のように見えてくる。

見ることと聞くこと、全てが新鮮で夢中になる。森が、こんなにも豊かな恵みに溢れていただなんて……。自然好きを自認しておきながら、気付かずにいた自分が恥ずかしい。一度その秘密を知ってしまえば、森全体が巨大な宝箱と化す。ただの散歩が、心躍る宝探しイベントになってしまう。

森の散策は、長い夜を過ごすための準備でもある。乾いた枯れ枝があれば拾ってゆく。焚き火にくべるのだ。まだ明るいうちにシェルターに戻り、全部を木の根元に立てかけた。火は暖を取るためだけでなく、人間の存在を動物たちに知らしめる手段でもある。賢い生きものならば、向こうから人間に近付くような真似はしない。それでも、何かの間違いでヒグマが現れた時の威嚇、更に最悪の事態に備え、キースは常に手の届くところにライフルを置き、ポケットに弾を入れている。

薄暗くなる頃にはかなり冷え込み、風も少し出てきた。キースがバックパックから取り出したのは、先端が焦げている白い棒。マッチで着火すると、バチバチと勢いよく音を立てながら燃え始めた。風が吹きつけようがお構いなしで、火は安定している。バーチ・トーチ、樺《かば》の木のたいまつだ。油分を豊富に含む樺の樹皮を細切りにして束ねて芯を作る。その周りに、トウヒのヤニを塗りつけた樺の樹皮をぐるぐると巻いて針金で縛ってある。アウトドアの達人でも、雨が続いた後などでは、マッチ1本で火を熾《おこ》すことは難しい。そんな時に頼りになるのが、このバーチ・トーチだ。本来、今日のような天候では必要ないのだが、僕に教えるために使ってくれた。

夜の帳《とばり》が下りる。気温が加速度的に下がってゆく。しかし、焚き火は既に大きく育っているので不安はない。キースが夕食の準備に入った。料理に於いても、彼の手は澱《よど》みなく動き続ける。手始めに、バノックと呼ばれるスコーンのようなものを焼く。材料は、薄力粉とベーキングパウダー、砂糖に塩と、至ってシンプルだ。水を加えて手早くこねる。食べやすい大きさに分けてフライパンに並べ、火にかける。生地が膨らみ、こんがりとした黄金色に輝き始める。頃しも、もう一つのフライパンではメインディッシュであるヘラジカの巨大ソーセージが、ジュージューと音を立てている。プレートからはみ出すように盛り付けられたバノックとソーセージ。アウトドアというだけで何を食べても旨いものだが、今夜のディナーは格別に過ぎる。

ユーコンの人々が培《つちか》ってきたのは、極北の地を生き抜くサバイバル術だけではない。先祖代々、狩猟採集民として生きてきた彼らは、自然を敬い、共生するための美しい世界観をも育んできた。彼らの概念では、天地は幾つかの世界が寄り添って成り立つとされる。人間の世界。死者の世界。そして、野生動物や大いなるスピリット（精霊）の世界。このスピリットというものに関し、明確に理解し、定義するのは困難だ。創造主、いと高きもの、大いなるもの、といった多様な表現がなされる。また、様々な動物、例えばヘラジカ、ヒグマ、オオカミたちには、それぞれの種を統《す》べるスピリットがいるとされる。一頭一頭の獣は、そこからスピリットの一部を分け

キースが焼いた「バノック」。スコーンのようにシンプルで、手軽に作れるが美味

てもらうことで、一個体として存在する。それらがどのように、大いなるスピリットと繫がっているのか。そういった関連性については、僕には理解できていないし、そもそもきちんと設定がなされているのかも分からない。

そして、人間、死者、スピリットの世界は、互いに干渉しながら、常に変化を続けてきたという。

太古の昔、現世が今の姿になる前。世界は全く違った様相を呈していた。そこでは、人間と動物の境目は今ほど明確ではなかった。動物たちは人間と同じ容姿をしている時もあれば、本来の鳥獣そのものの形をとっている時もある。彼らは、毛皮や顔の造作などの外見を、まるで上着のように自由に脱ぎ着することができ、中にはそうした上着を元々持っていないものさえいた。人間や動物に限らず、山や湖、弓矢にナイフなど、様々なものにスピリットが宿る。その中で最も強いのが動物たちのスピリットで、人間は彼らの力に縋《すが》って生きてきた。

文字を持たなかった北米先住民は、おとぎ話とも思想とも言える物語を、親から子、子から孫へ、連綿と語り継いできた。書くという行為によって単一の文脈に釘付けにされることのなかった言葉たち。物語のディテールは語り部によって異なり、無数のバリエーションが存在する。

実はキースも、部族の神話を語り継ぐストーリーテラーの一人だ。夕食を終えて一息ついたところで、夜のメインイベントが幕を開ける。その晩、幾多の神話の中から彼が選んだのは、ワタリガラスが世界に光をもたらした物語だった。ワタリガラスは、日本でよく見られるハシブトガラスやハシボソガラスに比べて体がひと回り大きい。鳴き声は複雑で、極めて頭がいいことで知られている。好奇心が強く、いたずら好きで狡猾なトリックスター。あらゆる動物の中で頂点に立つ存在だ。キースが語り始めた。低くて静かな声が、僕の心を異次元の世界へと誘《いざな》う。

遠き昔。この世がまだ漆黒《しっこく》の闇に閉ざされていた頃。星と月と太陽の全ての光を木箱に入れて隠し、頑《かたく》なに手放そうとしない人間界の酋長《しゅうちょう》がいた。ワタリガラスは手練手管を弄《ろう》して彼の家に潜入し、人間に姿を変え、彼の孫に化けた。木箱の中身が欲しいと泣き続ける、孫の姿をしたワタリガラス。孫を溺愛する酋長は、まんまとワタリガラスの思う壺にはまり、それらを手渡してしまう。瞬く間に鳥の姿に戻ったワタリガラスは煙突から逃げ出し、星と月、そして太陽を空に放った。お陰で、世界は光に満ち溢れるようになったのだ——。

キースが語り終えると、湖の岸を洗うさざなみと、薪がパチパチとはぜる小さな音だけが残った。深く長い余韻に浸る。人間本意に世界を解釈しない、先住民のものの見方に強い共感を覚える。人間は驕り高ぶることなく、他の動物と自身とを隔てる壁は限りなく低い。両者はお互いの領域を自在に行き来する。生きとし生けるもの全てが同じ言葉で語り合い、心を交わせる。なんと美しい情景だろう。僕にとって、まさにユートピアだ。あらゆる存在が明確に定義されることなく、細かく分類もされず、魂の繋がりの中に揺蕩《たゆた》う。今、僕が生きているこの時代には、そんな素敵な原始の混沌はもう残されていないのだろうか。

ふと周りを見渡す。僕らは深い闇に取り囲まれ、明るいのは足元だけだ。焚き火は森の奥を、遠くの湖面を、照らしてはおらず、闇もまた灯りを完全に封じ込めてはいない。このどこまでが光の世界で、どこからが闇の世界なのだろう。炎がゆらゆらと動けば、影も揺れる。闇が光に覆いかぶさったかと思えば、光が闇の中から急に顔を出す。この空間もまた、きっちりとした境界線のないままに全てが淡く混ざり合う、ある種の混沌ではないのか。ぼんやりと霞《かす》んだ自分の影を見ていると、体の輪郭《りんかく》がぼやけ、辺りに溶け込んでゆく。空間認識能力が、うまく働いていない。更には時間の感覚も揺らぎ始めた。電気もなく、暗闇の中で炎を見つめながら過ごす夜。やっていることは、原始人と変わりはないはずだ。今がいつの時代なのか、曖昧模糊としてくる。一方向に流れていた時間が渦を巻き始める。身を任せてみると、浮遊感が心地良い。これはある種のタイムトラベルなのだろうか。

僕はオカルトや安易なスピリチュアルが苦手で、基本的には科学を信じている人間だ。しかし同時に、この世には科学だけで説明がつかないことも多々あり、人智を超えた何らかの力が働く時もあると感じている。僕の中で凝り固まってしまった現代社会の常識を脱ぎ捨てられるとしたら。もしかすると、人間と獣たちの間の垣根も、取り払うことができるのではないか。

暗い森を見つめる。僕の目には見えないが、そこには確実にヘラジカやヒグマに、オオカミたちが暮らしている。昼の間は彼らも僕らも、遥か昔にワタリガラスがもたらしてくれた太陽の下で遊ぶ。日が落ちれば共に厳しい寒さに打ち震える。そして長い夜が明け、再び朝日が昇る時。真っ赤に染まる空の美しさに見惚《みと》れる気持ちに違いはあるのだろうか。頬に僅《わず》かな暖かさを感じた瞬間、湧き上がる喜びを分かち合うことはできないものか。彼らと語り合えるのは、本当に神話の世界の中でだけなのか。もしかすると、無理だと思い込んでいるのは人間だけで、動物たちのほうはいつか再び、僕らが彼らと同じ言葉で話しかけてくるのを待っているのではないか。認識を改め、歩み寄るべきは、きっとこちらのほうだ。母なる自然にしっかりと根差す。大いなるスピリットの存在を信じる。そこに身を捧げる覚悟さえあれば、奇跡は起きるような気がしてきた。

仄《ほの》かな温もりを逃さないよう、勢いを失った焚き火に手をかざしていた僕の心に、この晩、小さな炎が灯った。

翌朝。6時前に目が覚めた。日の出までは2時間以上もあり、辺りはまだ真っ暗だ。トウヒの床の断熱効果は思ったより優秀で、夜中に寒さで目が覚めることはなかった。針葉樹の芳香もまだ健在だ。ゆっくりと深呼吸を繰り返す。ここの空気は本当に旨い。大地を伝って湧き出した水にミネラルが豊富に溶け込むように、森を満たす大気は、木々や草花が作り出した酸素と、多種多様な香りを含んでいる。滋味深いそよ風を、肺胞で丹念に味わう。清流のしぶきをすり抜け、ハンノキの葉をくすぐり、ワタリガラスの吐く白い息を取り込んで届けられた贈り物。吸って吐いてを繰り返しているだけで、感謝の念が沸々と湧き上がる。馥《ふく》郁《いく》たる冷気が、指先の毛細血管にまで沁み渡り、末端神経の一本一本が覚醒してゆく。最高の目覚めだ。

隣のキースはぐっすりと寝ていて、起きる気配はない。僕は寝袋からモゾモゾと這《は》い出すと、まずは空を見上げた。憧れのオーロラは出ていないが、都会では絶対に見られない満天の星が広がっている。しばらくぼんやり眺めていると、流れ星が強い閃光《せんこう》を撒《ま》き散らしながら空をよぎった。星座が全然分からない。詳しくないこともあるが、星が多すぎるのだ。漆黒のキャンバスを、極小の光の粒がびっしりと覆う。小さな点に過ぎない星々が無数に集まって作り上げる濃淡。まるで点描で描かれた絵画のようだ。先人たちは、あの中からよく特定の星を選び出して繋ぎ、星座を作ったものだと思う。もしかすると、彼らが見ていた星座は今とは全く違っていたのではないか。それは目立つ星だけを直線で繋いだカクカクとした図形ではなく、幅の広い刷毛《はけ》で描かれた躍動的な絵画だったのかもしれない。

かろうじて認識できるくらいの小さな星でも、実際はイメージできないほどに大きく、途方もない時の流れを内包している。中には、僕らの想像もつかない形態や生活史を持つ生命体が暮らす星もあるだろう。そんな星々が、宇宙にはあんなにたくさん浮かんでいる。まさに泡沫《ほうまつ》のような僕自身という欠片《かけら》。自分の人生、悩みや葛藤なんぞ、取るに足らない。僕が自らの使命を悟り、必死に成し遂げたとしても、この広がりの前には何の意味も持たないだろう。それって、悲しいことなんだろうか……。

宇宙に想いを馳せている間にも、冷気は容赦なく体温を奪ってゆく。さあ、火を熾さなければ。昨晩の焚き火はもう消えている。しかし、灰の中をかき混ぜてみると、底には小さな炭がほんのりと赤く光っていた。すばやく枯れ枝を束ねて上に重ね、息を吹きかける。灰が舞い上がり、目を開けているのが辛いが、そんなことは気にしていられない。煙が目に沁みて、ポロポロと涙をこぼしながらも吹き続ける。ようやく枯れ枝から小さな炎が上がった。パチパチと音を立てながら次第に成長してゆく。太い枝に火が燃え移ればもう消えはしない。ほっと一安心し、上手く火を熾せた自分を、少しだけ誇らしく思った。

次に必要なのは、体を芯から温めてくれるコーヒーだ。湯を沸かすための鍋を探すと、焚き火から少し離れた薪置き場に転がっていた。そこに、可愛らしいお客さんが来ていた。小さなネズミだ。鍋の縁にこびりついたスープを必死に舐めている。そっと忍び寄るが、全くこちらを気にかける様子はない。一心不乱に食事をしている姿を観察するうちに、ふと悪戯《いたずら》心が湧いた。尻尾を掴《つか》もうと、さっと手を伸ばす。すばしこいネズミにこんな遊びが通用するわけはなく、瞬時に姿を消してしまう。しかし驚いたことに、1分もしないうちにまた戻

挽いた豆を鍋に入れて煮立てる。フィルターなしでも旨いコーヒーを淹れることができる

ってきて、何事もなかったかのように再び鍋を舐め始める。ネズミから見た僕は、ビルよりも巨大な怪獣のような存在だろうに。見上げた根性だ。暗い間しか活動しないネズミのことを、キースは力強い夜の魔法を操るシャーマンの弟子だと言っていた。夜とも朝ともつかない曖昧な時間が過ぎ、やがてネズミは立木の根元へと姿を消した。

鍋とカップを洗いたい。焚き火の脇の水たまりは氷が張っていたため、湖に出る。水は指先が痺れるほどに冷たいが、この広大な湖が凍結するのは、まだ先のことだ。洗った鍋に水を汲み、焚き火の上に直接乗せる。しばらくしてコポコポと湯が沸いてきた。ペーパーフィルターは持ってきていない。それでも上手くコーヒーを淹れる方法を、僕はキースに教わっていた。細かく挽《ひ》いたレギュラーコーヒーを沸騰した湯に入れる。しばらく煮立てたところで火から下ろし、カップに半分ほどの冷たい水を、鍋に入れる。すると、湯の中を舞っていた粉がスーッと沈む。あとは、その粉を舞い上げないよう気を付けながら、そっと上澄みをカップに注ぐだけだ。極上の一杯をじっくりと味わう。と、ここまでやっても、キースは相変わらず大きないびきをかいている。

そこで僕は一人、ようやくうっすらと明るくなってきた湖にカヌーで漕ぎ出すことにした。幸い、風はない。カヌーは、これまで何度となく漕いできた。数日間かけて四万十《しまんと》川を下った経験もある。このコンディションなら、転覆する危険はないはずだ。でも万が一この冷水に落ちたら、急激に体温が奪われ、すぐに体は動かなくなるだろう。頭が水に浸かってしまったら数分で意識を失うと思われる。

「ライフジャケットは頼りになる。溺れた時に助けてはくれないが、死体を容易《たやす》く見つけられるからな」――冗談とも本気ともつかないキースの言葉を思い出す。

カヌーは音もなく進み、聞こえるのは僕がパドルを水に入れる音だけだ。目の前には、雄大な景色を切り取って上下逆さまに貼り付けたような湖面が横たわる。後ろにはカヌーの軌道に沿って、たおやかな波紋がシルクのカーテンがたなびくように広がってゆく。

目指すは、昨日の散歩中にヘラジカとオオカミの痕跡を見つけた岸辺だ。僕の握り拳よりも大きなオオカミの足跡には度肝《どぎも》を抜かれた。そしてヘラジカのものは、オオカミのそれが霞んでしまうほどに巨大だ。両方とも、僕の憧れの生きもの。彼らが最も活発に動くのは明け方と夕方だ。このタイミングなら、もしかすると足跡の主に出会えるかもしれない。

「出てこい、出てこい」――強く念じながら、岸に沿って漕いでゆく。想いが彼らに届いてくれと祈る。しかし期待とは裏腹に、動物の姿は見当たらない。カヌーが動いているのがいけないのか。漕ぐのをやめた。一点に浮かんだまま、10分ほど息をこらして待ってみる。急にバサッと音がした。慌ててそちらを見ると、正体は岸辺の木から飛び立ったワタリガラスだった。喉の奥で木製の鈴を震わせているような、くぐもった不思議な鳴き声。

「少し祈ったくらいでお目当てのものが現れるだなんて、本気で思っていたのかい?」――僕を嘲笑《あざわら》うかのようにカヌーの上空を旋回すると、対岸へと消えていった。

薄曇りの空が、淡い朝焼けに染まってきた。太陽と雲が作り出す、青ともピンクとも紫とも言えない不思議な色。体よりも心を温めてくれるような、癒《いや》しの灯りだ。やがて太陽が湖面を照らし、気温が上がり始めると、風が出てきた。カヌーにとって風は大敵。横風に翻弄されると舳先《へさき》を前に向けるのが難しくなる。僕はキースの下へ戻ることにした。

カヌーを岸に上げ、トウヒの香るシェルターに向かう。ちょうどキースも起きてきた。

「どうだった? 高級ホテルもいいけど、リーン・ツーも捨てたもんじゃないだろう? 今度は枝が張り出したトウヒの根元でそのまま寝てみるといい。ちょっとくらい雪が降ったって全く問題はない」――すごい。テントは、性能はいいけれど重くてかさばる。森の中であれもやりたい、これもやりたい、と色々なアイテムを買い揃え、大型四輪駆動車のラゲッジスペースを埋め尽くしてゆくのが、本当にアウトドアを楽しむということなのだろうか。

ナイフ1本を腰に下げ、飄々《ひょうひょう》と森に入っていくキースの後ろ姿。様々なしがらみから解き放たれていて、風のように軽やかだ。森の恵みを上手に利用する知恵さえあれば、重い荷物なんていらない。寝泊まりもできれば、食べものを得ることだってできる。

僕は、これまでの自分よりちょっとだけ、「本物の自由」というものを手に入れた気がしていた。

巡りゆく教え

楽しかった一夜を明かした僕らは、当時キースが暮らしていた街に戻った。ちょっと寂《さび》れた、何の変哲もない田舎町テズリン。多少の食糧や日用品は雑貨屋で買えるが、一番近いスーパーマーケットがあるユーコン準州の州都、ホワイトホースまでは、車を飛ばして2時間かかる。キースが住んでいたのはごく普通の木造住宅で、街の中心から外れた林の一角に建っている。

キースの職場を訪ねる。ドアを開けると、まず迎えてくれるのは爽やかな香り。森で嗅いでいたのと同じ、針葉樹のものだ。床にはたくさんの木屑が散乱していた。キースの職業は彫刻家だ。クリンギット族に伝わる伝統的なスタイルを継承している。工房の隅のテーブルには、彫りかけのお面が置いてあった。強調された、独特の目を持つデザイン。

「この目が俺を凝視し始めると、もうすぐ完成だと分かるんだ」とキースは言う。

工房の真ん中を貫くように置いてあるのは、製作中のトーテムポールだ。天辺から根元までワシやオオカミなどの動物が彫られている、長い柱のような彫刻。文字を持たないキースの先祖は、神話や一族の歴史をトーテムポールに刻むことで受け継いできた。

「ミキオも彫ってみろ」――え、いいの？　と思った時には、もうキースの彫刻刀を手渡されていた。細長い柄の先に刃がついている点では日本のものと同じだが、使い方や刃の作りが違う。日本の彫刻刀は縦に持って押す。こちらのものは横に持って手前に引く。ちなみにカンナは逆で、押して使う。

慣れない道具だが、練習は一切なし。いきなりトーテムポールを彫らされる。失敗は許されない。緊張しながら刃を引くが、力を入れなくてもサクサクと木肌が削れてゆく。並外れた切れ味にも驚いたが、更に衝撃を受けたのは、使う刃物は殆どキースが自分で作っているという事実だった。鋭利な刃の元となるのは、自動車のサスペンションに使われている板バネ。廃車からいただくそうだ。だからキースは、ハイウェイの脇に転落した車が放置されていると、胸が躍るという。よくしなる良質の鋼《はがね》を刃の形に切り取って、薄く削り、丁寧に研ぎ上げる。彫刻刀の他にも、手斧など大きさや形の微妙に違う刃物が工房の隅にずらりと並べられ、鈍い輝きを放っている。狩猟用のナイフを、電動丸ノコの刃から削り出して作ったこともある。手軽に入手できる素材だけで、こんなに品質の高い道具を作ってしまう手腕に

巨大な彫刻刀でいきなりトーテムポールを彫る。キースの指導はいつも「習うより慣れろ」

舌を巻いた。

丹精込めて、ほんの少しずつ削ってゆく。彫刻刀を平らに当てて手前に引く。刃の上にクルクルと白い切り屑の輪が生まれてはスッと落ちる。クルクル、スッ。クルクル、スッ。同じ作業を何度となく繰り返す。心が徐々に空になってゆく。気付けば、あっという間に夕方になっていた。

暗くなる前に、キースが立てたトーテムポールを見に行くことになった。街の人たちが集まる、こぢんまりとした文化遺産センターの入り口。5本の柱が横一列に並び立つ。1本に彫られているモチーフは一つずつ。全てが動物だ。この街に暮らす先住民の主要な血筋を表しているそうだ。母系社会を構築してきた彼らは、皆自分の家系

（クラン）を持つ。それぞれのクランは、自らを象徴する動物をシンボルとして掲げる。それは彼らの出自であり、誇りでもある。

向かって右から、ワシ、ビーバー、オオカミ、カエル、ワタリガラス。この並びが重要だとキースは言う。ワシは空、ビーバーは水、オオカミは大地、カエルは再び水、左端のワタリガラスは、ワシと同じく空を象徴する。空から雨が降り、川となって大地を潤し、再び空に戻ってゆくという水の循環。そして同じようにこの世を巡り続ける、あらゆる命の連鎖を表現しているのだ。

何年もかけて彫り上げたこれらの作品が、本当の意味で完成するのはまだまだ先だ。雨晒《あまざら》しのままに聳《そび》え立つトーテムポールは、数百年の後に腐って倒れる。それでいいのだと、キースは言う。万物流転の定めの中、トーテムポールは集落を見守りながらゆっくりと朽ち果て、やがて大地と水と空に還ってゆく。そうやってようやく、キースの作品は完結するのだ。さっき僕が少しだけ彫らせてもらったトーテムポールも、同じように僕より遥かに長い時の流れを生きる。作品が真の完成を迎える時。この地球は、一体どうなっているのだろうか……。

その晩、キースの家に戻った僕は、自分でも彫刻をしてみたいと願い出た。素材は既に手

ワシ、ビーバー、オオカミ……人々の家系（クラン）を象徴するトーテムポール

に入れていた。湖のほとりで見つけた流木だ。美しい水に洗われ続けていたからなのか、岸辺に流れ着いていた枝の多くは樹皮が剝がれ、木肌が銀色に光って見える。その中でもとりわけ輝きの強いものを拾っておいた。長さは1メートルと少し。杖にするのにちょうどいい。

流木の両端には、面白い特徴があった。鉛筆を削ったように尖っているのだ。断面をよく見ると、彫刻刀を使ったかのように、5ミリほどの彫り跡がびっしりと並んでいる。典麗な細工を施《ほどこ》したのは、実はビーバー。枝を齧《かじ》った時に歯型がついたのだ。彼らの歯は本当に鋭い。製鉄の技術がなかった時代、キースの祖先はビーバーの歯を枝にくくり付け、彫刻刀として使っていたそうだ。そんなよく出来た刃物を上下の顎《あご》に生やしているビーバーは、まさに生まれながらの彫り物師だ。

彼らは辛抱強く、勤勉な生きものだ。1メートル足らずの体で、何十メートルにもわたるダムを築き上げ、流れを堰《せ》き止める。彼らが使うのは細い枝だけではない。驚くほど太い木も、根気よく齧って倒してしまう。しかし、そんな巨大な木を運ぶことはできない。どうするかというと、またひたすら齧って、自分が運べる長さと重さに小分けにしてゆくのだ。人間が薪を作る時、まずは根元から木を倒し、それを数十センチごとに切ってゆくのと、同じと言えば同じ要領。でもチェーンソーは使えない。僕の目の前に大木が立っていたとして、それを小さな彫刻刀だけで倒し、切り分け、全部を運ぶ。絶対にできないと思ってしまう。一瞬にして無理だと諦める。でも彼らは、それを当たり前のようにやってのける。「できない、と思うからできないのさ。まずはやってみれば？」――流木を介してビーバーが語りかけてくる。ひたむきに打ち込む。絶対に諦めない。何かを固く信じる。僕も彼らの強さにあやかりたい。だからこそ、この流木を彫る。

僕が作ろうとしたのは、キースが教えてくれたトーキングスティックと呼ばれる杖だ。杖といっても、歩くためのものではない。部族の寄合の場で使われる。彼らが大切なことを決める時、トーキングスティックが人々の手から手へと回される。杖を持った者は気が済むま

ビーバーは、驚くほど太い木であっても、自分が運べる長さと重さに齧って小分けにする

垣根のように見えているのが、ビーバーが作ったダム。数十メートルにわたるものもある

で話す。心の中にある想いを、完全に吐き切る。他の者がそこに口を挟むことは、一切許されない。一人が話し終わると、杖は次の人に手渡され、協議は最後の一人が杖を置くまで続けられる。北米先住民に古くから伝わる風習だ。トーキングスティックには、話し合いを平和裏に進めるために大切な要素が全て詰まっている。発言の機会が平等に与えられる。自分の意見をきちんと述べる。そしてそれ以上に、他者の言葉にしっかりと耳を傾ける。

彫刻に不慣れな僕のために、キースがシンプルなデザインを考えてくれた。モチーフはもちろん、ビーバーだ。流木を杖として突く時の持ち手の部分に、ビーバーの尾を模した連続模様を施す。U字型のデザインをウロコのように刻んでゆく。キースは基準となる深い切り込みの入れ方、細かい部分の彫り方など、実際に手本を見せながら丁寧に教えてくれた。

ビーバーが届けてくれて、キースの手解《てほど》きを受けながら、僕が彫る合作。銀色の流木に最初の一刀を入れてから2時間。ビーバーの丸い尾が、トーキングスティックの持ち手部分をぐるりと一周した。杖に魂が宿ったのを、僕は感じていた。

＊

翌年。僕は仕事で訪れたカナダのブリティッシュ・コロンビア州で、そこに暮らすツィムシアン族がトーキングスティックについて記した言葉に偶然出会った。その文章はあまり高価には見えない額縁に入れられ、宿の壁に無造作にかけてあった。一目見た瞬間、僕は強く心を打たれ、即座に一言一句をノートに書き写した。文章自体や含まれている単語を組み合わせてインターネットで検索しても、全くヒットしない。だから特に有名なわけでもなく、地元の限られた人だけに伝わる言葉なのだろう。中には意味の分からない単語もいくつかあったが、そこに込められた想いは、まるで一篇の詩のように僕の心に沁み渡っていった。

その日から僕の中で大切に温め続けた教えを自分なりに意訳し、この本の冒頭に掲げた。

ビーバーの強さにあやかりたい——流木にビーバーの尾を模したデザインを刻んだトーキングスティック

ここで改めて、原文の逐語訳を紹介したい。死を悟ったある父親が世を去る前、自分のトーキングスティックを息子に託した時に遺したメッセージだ。

〈我々の祖先は、とても大切な伝統を私たちに残してくれた。知ってのとおり、我々の文化は口承文化であり、私たちの掟、物語、そして為すべき務めは、年長者たち、チーフたち、そして母系社会の話し合いによって決められてきた。彼らは話し、また話し、何も言うことがなくなるまで話した。そして全ての話が終わった時、道は定まり、我々は力を合わせ正しく物事を推し進めた。

私がお前に授けたいのは、そうした話し合いに使う道具。我々がトーキングスティックと呼ぶようになった杖だ。

我が息子よ、これをお前に授けよう。私のトーキングスティックを。お前が広い世に出て語ることができるように。きちんと自分の番を待ちなさい。そして自分が話す時には思慮深く話しなさい。お前の曽祖父母、祖父母、母親と私、特にお前の母親が教えたことを思い出しながら。

お前の心と魂の中に、愛と我々の教えを常に持っておきなさい。お前の話を聞いた人たちに、お前が私たちの想いを継ぐ者として話していることが伝わるように。

お前がこのトーキングスティックを使うこととなり、これを握る時。それは私の手を握っているのと同じだ。お前はいつでも、私のことを思い出すだろう。

いつの日かお前も、この杖を若き話し手に譲る時が来るだろう。そのときに伝えなくてはならないことがある。我々の掟、真実、道筋について話す時は、大いなる責任と、大いなる必然性をもって話さなくてはならないのだと。世界と我らの同胞に、ツィムシアンの人々の力と強さと叡智《えいち》が伝わるように。

息子よ、このトーキングスティックは、もうお前のものだ〉

人類は、健やかなる時も試練の時も、こうして大切な教えを後世に伝えてきたのだ。今でも時折、僕は自分で彫ったトーキングスティックを握る。そして、ビーバーの不屈の魂やキースの逞《たくま》しさ、そしてこの世を巡り続ける深淵なる教えに思いを馳せる。ゆくゆくは僕自身も、世界に向けて語りかける日が訪れるのかもしれない。杖は僕に説く。そのとき僕は、何にも屈しない勇気と、溢れるほどの愛をもって語らねばならぬのだと——。

Hunting Sketch

——ミュールジカ——

「さあ、もう大丈夫だ。解体を教えてほしいと言っていたね。始めようか」

言葉を一切発さずにすばやく動き回っていたキースが、ようやく落ち着いたトーンで声をかけてきた。

初のユーコン訪問は、寒中での野営や伝統的な彫刻体験に加え、僕の人生を決定付ける新たな扉を開いてくれた。生まれて初めて、目の前で鹿が撃たれるのを見たのだ。息を呑んで一部始終を見守っていた僕も、ほっと息をついた。

キースが撃ったのは、ミュールジカという鹿だった。北米大陸の西部に広く分布し、大きなものでは、体長2メートル、体重150キロ近くになる。耳がミュール（雄《おす》ロバと雌《めす》馬の交配で作られたラバ）に似ていることから名付けられた。確かに、ラバのように耳が大きくて長い。群れを見つけた時は、もう日が傾き始めていた。3頭の雌と1頭の若い雄。美しい金色の斜光を浴びて草を食《は》んでいた鹿たちが、一斉に頭を上げてこちらを見ている。思わず見惚れてしまう。

森の中で見る野生動物の美しさには目が眩《くら》む。凛乎《りんこ》とした立ち姿。黒目の奥深さは底知れない。至極《しごく》の美は、完璧に森に適応したフォルムだけにあるのではない。彼らには覚悟がある。その地に生まれ、同じ場所で土に還る。精一杯に生を謳歌《おうか》し、子孫を残す。しかし自然は厳しい。何か一つでも間違えば、代償は己の命だ。いかなる時も、彼らが命懸けであることは変わらない。いつだって命懸けの者は気高く、神々しい。だから単にそこに立っているだけで、見る者の心をここまで震わせるのだと、僕は思う。

「座れ、動くな」と手だけで僕に合図をすると、キースは担いでいたライフルを静かに肩から下ろした。鹿から目を離さないままにすばやく弾をこめる。同時に銃が構えられ、全身に波動を感じる轟音《ごうおん》が響き渡った。一体いつ狙いを定めたのだろう。一連の流れるような動きのままに、銃弾は送り出された。

50メートルほど先で雄鹿がガクリと膝をつく。雌たちは驚くほどの跳躍力であっという間に姿を消した。キースが猛然と走り出す。僕も慌てて後をついてゆく。

倒れた雄鹿の傍らに立つ。弾は頸椎《けいつい》を貫通し、鹿は一瞬で絶命していた。キースが腰に下げていたナイフを抜く。一閃、鋭い切先が首元に音もなく吸い込まれ、引き抜かれる。止《と》め刺《さ》しと呼ばれる手技で、獲物を完全に絶命させる（とどめを刺す）と同時に、綺麗に血を抜くために行われる。僕は強い衝撃を受けた。放出される血は、まさに水道の蛇口を全開にひねったような勢いだったからだ。地面と平行に噴き出す真っ赤な流れ。血液がこれほどの圧力で体内を巡っていたとは。初めて知った事実だった。当初の勢いはすぐに収まった。毛を伝って垂れる一滴一滴の間隔が長くなり、やがて止まる。そしてナイフが僕に手渡された。この命を、これから肉にしてゆくのだ。

僕は、肉が大好きだ。唐揚げにトンカツ。特に分厚いステーキには目がない。肉汁滴《したた》る赤い塊で口腔が満たされた瞬間。俄然、気分は昂揚し、全身に力が漲《みなぎ》る。そうやって食べた肉は消化された後に吸収され、物理的に自分の体を作り上げるパーツとなる。肉を食べることが多い僕は、他の人たちよりも多くの鶏や豚や牛から成り立っている。栄養は筋肉だけでなく、様々な臓器となり、脳にもなる。だとすると、僕の肉体だけでなく、思考を司《つかさど》る役割を担っているとも言える。それだけ大切なものなのに、よく考えると僕は肉について殆ど何も知らなかった。国産和牛だとか、オージービーフだとか、その辺りまでは分かる。では、ヒレ肉は体のどこについているのか、ロースとサーロインはどう違うのか、などと問われるとはっきり答えられない。

更に問題なのは、自分が食べている個体のイメージが湧かないことだ。僕が咀嚼《そしゃく》しているのは、果たして雄なのか雌なのか。年齢に毛の色。どんな眼をしていたのか。そして、どんな生涯を送ってきたのか——。僕の体と心と一体になる要素なのに、全く見えてこない。

スーパーで買った肉を食べるのではなく、生きものの命を自分の手で絶ち、きちんといただきたい。美味しさだけでなく、その過程にある痛みや苦しみも含めて噛み締めたい。そうしたことができていないままに、僕は肉を食べ続けている。そんな状況に、いつしか大きな違和感を抱くようになっていた。

だから、食うものと食われるものが正面から向き合い、一対一の関係性を構築する狩猟という行為は、何年にもわたって、僕の興味の中心に在った。生命を維持することは綺麗事とはかけ離れており、徹底的に利己的な所業であることを、まずは体で感じとる。そして、そこまでしてなぜ自分は生きているのかを見つめ直したかったのだ。しかし、現代の日本で都会生活を送っている身としては、自分で獲物を狩るなど夢のまた夢だと思っていた。

ところが、キースはハンターだ。彫刻を生業《なりわい》としながらも、狩猟は彼の日常生活の根幹を成している。一家が食べる肉は、家長が獲る。それは先祖代々伝えられてきた不文律。山に獣を追うことは、彼らの遺伝子に深く刻印された本能的な行為なのだ。

ユーコンにキースを訪ねた大きな目的の一つ。それが狩猟に同行し、命と対峙《たいじ》する経験を積ませてもらうことだった。

鹿の頭を切り落とすのが、キースから与えられた最初の指示だった。迷いがなかった、といえば嘘になるかもしれない。でも僕は鹿の首にナイフを深く刺し入れた。皮は硬いが、なんとか切り進んでいく。

問題は骨だ。ナイフでは絶対に切れない。頭蓋骨と頸椎の境目に刃を当て、拳でナイフの背を叩くと「そんなことをしては刃がこぼれる」と叱られた。僕からナイフを取り上げたキースが、関節の僅かな隙間に刃先をこじ入れて内部の靭帯《じんたい》を切断する。すると首から離れるのを拒んでいた頭は急に抵抗力を失い、呆気《あっけ》なく外れた。坂を転がる頭を慌てて追いかけ、角を摑んで拾い上げる。重たい。思っていたよりもずっと。コケに覆われた切り株の上にそっと置いた。

続いて四肢の内側の皮に、先端から付け根に向かって切れ目を入れてゆく。腹部の中心線も同様に裂く。ナイフは刃を上にして、滑らせるように使う。刃先が消化器の上に差し掛かった時は、内臓を傷つけないように細心の注意が必要だ。胃に穴を開けようものなら、未消化の内容物が飛び出してきて臭いが肉についてしまう。この段階になると、不思議と血は殆ど出ない。止め刺しの時はものすごい勢いで噴き出ていたのに。心臓のポンプが動いていない限り、血が溢れ出ることはないと知った。

次は、脚の先端から胴体の中心に向かって毛皮を剝ぐ。皮の切り口を指先で摘《つま》んで引っ張り、ナイフでそっと皮膚と肉の境目をなぞる。毛皮に肉を残してはならず、かと言って穴を開けることも許されない。繊細な作業だ。

「青白いのが皮膚だ。そこを切り進め」キースが教えてくれる。確かに、皮膚の内側は僅かに青白い。ナイフを入れる場所を間違えると、毛皮にピンクの肉塊がついたままになってしまう。ある程度皮と肉が分かれてくると、キースはやおら、境目に腕を突っ込んだ。そうすると手早く綺麗に剝げるのだという。真似をして、片手で皮を思い切り引っ張りながら反対側の腕で手刀を押し込む。小気味いい音を立て、たちどころに皮が肉から離れてゆく。体温はまだ逃げていない。命の名残を直《じか》に手で感じる。気温がどんどん下がってゆく中、鹿の体内に潜り込ませた肘から先だけが熱い。

　毛皮を剝ぎ終わると、次は内臓を全て取り出す。

「ここは俺がやる。見ていろ」

　腹膜を裂くと一気に腸が溢れ出てきた。キースは迷いなく内臓を引きずり出す。大きなレバーが出てきた。続いて、肺や心臓。尻から頭の方向に作業は進み、肛門から食道まで、全てがひと繋がりのままに取り出された。

　当たり前だが、食物を摂取する入口から排出する出口までのラインは、1本に繋がっている。人間を含む大概の動物の体の構造は、極端に言えばストローのようなもの。命は手始めに、食べて出す機能から獲得してゆく。精子と卵子が出会い受精卵が細胞分裂を始めると、最初に球体を貫く穴が出来る。その両端が口と肛門になるのだ。

その後キースは生殖機能を司るペニスと睾丸を引き抜き、四肢を付け根から外し、作業は完了した。

鹿を撃ってから解体が終了するまで、1時間もかからなかった。森の中に佇《たたず》み、毅然とした視線でこちらを見据えた雄鹿は、瞬く間に1枚の毛皮といくつかの肉叢《ししむら》に姿を変えていった。キースのナイフ捌《さば》きは迷いがなく、無駄な動きもない。憐憫《れんびん》の情といったものは感じられないが、冷酷なわけでもなかった。それは、単に手順を追うだけの作業とも違う。肉の状態や出血の具合を見て臨機応変に対応する様子は、外科医による的確な執刀を見ているようであり、獲物との対話にさえ感じられた。

全てが終わったあと。キースが内臓の一番上の部分から、まるでプラスチックで出来た掃除機のパイプのような白い筒を取り出した。呼吸器の一部である気管だ。そして、獲物の魂を送る儀式を教えてくれた。

さっきまで息を吸っては吐いてを繰り返していた気管に、今はもう空気の動きはない。それを風通しの良い枝に掛ける。すると、筒の中を山の風が吹き抜ける。一旦は止まってしまった空気の流れが甦《よみがえ》る。そのように、彼らが再び息ができるようになること。そして、大いなるものが彼らに新たな命を授けてくれることを祈るのだ。

これが、僕が狩猟というものを目の当たりにした、最初の日の出来事だ。今でも、あのとき感じた鹿の体温や、腹を開けた時の蒸れたような匂いを、昨日のことのように思い出す。長い年月が経ち、僕が自分で狩猟をするようになっても、気管を木の枝に掛ける儀式を欠かしたことは一度もない。この祈りこそが狩猟をする上で最も大切で、何があろうとも絶対に忘れてはならないと、キースが教えてくれたから。

―シロイワヤギ―

3年後、3回目のユーコン滞在。その日はなぜか、朝から良いことが起きる予感がしていた。キースの助手席に乗ってハイウェイを走る。美しい山並みに見惚れていると、遥か高い岩肌にポツンと小さな白い点が見えた。「気付いたことがあればなんでも言え」と言われていたので、すぐさまキースに報告する。キースは一目で、それが今日狙っている獲物だと見抜いた。

シロイワヤギの姿形は、カモシカによく似ている。全身が純白の長毛で覆われていて顎ひげも長く、なんだか仙人のように見える。車を停めて、双眼鏡でよく観察すると、6頭の群れと、数百メートル離れて別の1頭が見つかった。8月のこの時期、雌は集団となって子供たちと過ごす。一方、雄は単独行動をしているという。僕らは、1頭だけでいる雄を追うことにした。

あらゆる野生動物は多様な自然環境の中にそれぞれの居場所を見つけ、棲み分けをしている。シロイワヤギは森の中にはいない。森林限界を越え、灌木帯も越え、岩肌が剝《む》き出しの荒涼とした山頂付近に生息している。彼らはそこで背丈の低い植物やコケ、地衣類などを食べて暮らす。殆ど垂直にしか見えない断崖を難なく登り下りしてしまう、途方もない平衡感覚と身体能力の持ち主。一筋縄ではいかない相手だ。

車を降りたキースは、遠くに見えるシロイワヤギと太陽の位置関係を確認し、歩き始めた。まずは林を抜けなくてはならない。見通しのきかない木々の間を歩いていると、方向感覚が失われる。そこで太陽の角度を見ながら歩くのだ。林を抜けると、灌木帯を藪《やぶ》漕《こ》ぎしてゆく。解体用の道具や、万が一のビバーク用の装備も背負っているため、荷物はそれなりに重い。すぐに汗だくになる。ようやく岩場に到達すると、万年雪から吹いてくる涼しい風が迎えてくれた。改めて双眼鏡で獲物を探す——いた。最初に見つけた場所から位置を変えていない。まだまだ遠いとはいえ、ハイウェイから見た時に比べると随分近くなった。

山頂に向かって巨大な岩の尾根がいくつも延び、谷筋は細かく砕けた石で埋め尽くされている。音を立てないように細心の注意を払ってはいるが、どうしても足元の岩がガラガラと崩れる。標高を上げてゆくと、斜度は厳しさを増す。摑んだ岩が丸ごとボロッと取れてしまうこともあり、油断も隙もない。下を見ると足がすくむので、上にいる獲物だけに意識を集中させる。

シロイワヤギが見えているのは右斜め上。その方向に直線的にアプローチすると、難なく気付かれてしまう。彼が動かないように祈りつつ、僕らは隣の稜線の陰に身を隠しながら、まずは真っ直ぐ上に登ることにした。ハイウェイからの標高差数百メートル。どうにかターゲットとほぼ同じ高さにまで到達した。

ここからは横方向に距離を詰め、撃てるポイントを探す。短い口笛が1回なら止まれ、2回ならまた進めだとキースに言われる。もちろん口笛でも獲物に気付かれる可能性はあるが、声を出すよりはましなのだという。岩の尾根に取り付く。僅かな突起に指先と爪先をかけて横這いに進む。峰筋に近付くと、頭も上げられない。息を殺して少しずつ少しずつにじり寄る。

蜘蛛《くも》のような姿勢で稜線にへばり付き、そっと覗いてみると、100メートルほど先にシロイワヤギの白い体が輝いている。キースが音を立てないようにゆっくりと射撃の準備を始めた。岩にザックを置いて真ん中を窪ませ、ライフルを乗せる。完全に腹這いになって体もブレないように固定する。銃口が僅かにずれただけでも、遠くの獲物には当たらない。モゾモゾと微調整を続けていたキースの動きが止まり、狙いが定まった。同時に運悪くシロイワヤギが歩き出し、姿を消してしまった。しかし、キースは微動だにしない。集中力を上げ、射撃姿勢を保ったままで再び獲物が視界に入るのを待つ。何分が経過しただろう。岩陰から白い上半身が現れた。ダーンという音が岩の間にこだまする。シロイワヤギは即座に踵《きびす》を返して走り出した。

失敗だ——。がっかりしてキースを見ると、双眼鏡で逃げてゆく獲物の動きを追い続けている。僕も視線を戻す。よく見ていると、何やら動きがおかしい。どんどん逃げればいいのに当初の勢いはなく、ゆっくりと歩いている。しばらくして膝をついた。撃った途端に獲物が倒れるとは限らない。即死さえしなければ、彼らは最後の最後まで逃げようと走り続ける。そんな当たり前のことを、改めて知る。

キースはなぜか、ひたすらシロイワヤギを双眼鏡で見ているだけで追いかけようとしない。獲物が弱っているなら、早く駆け寄ってとどめを刺したほうがいいのに。立ち上がろうとする僕をキースが制止する。

「追うな。彼はまだ動ける」

野生動物の生命力は凄まじい。瀕死の状態でも、本気になれば人間を振り切ることなど簡単だ。そのまま見失い、追い付けなければ、彼らの命を無駄に奪うだけになってしまう。それは決して許されることではない。更に慌てて近付こうと足でも滑らせたら、この世に別れを告げるのは僕らのほうだ。キースの炯眼《けいがん》に感服する。

ところが次の瞬間、キースは更に僕の心を震わせる言葉を放った。

警戒心が強く、急峻な岩場に暮らすシロイワヤギ（写真中央）。
気付かれずに接近するのは至難の業だ

「彼は今、死を受け入れなくてはいけない。そのための時間を、彼に与えてあげなくては」

なぜ、キースはシロイワヤギに近寄ろうしなかったのか。奥底にある真意を思い知らされた。キースは獲物の体だけでなく、心までを慮《おもんぱか》っていた。野生動物を僕たちと同じような知性を持つ存在として捉え、彼らの感情に寄り添い、敬っていたのだ。


座り込んだシロイワヤギは、最初のうちはこちらに首をねじ曲げて僕らを警戒していたが、やがて頭を戻して正面を向いた。僕も同じように顔を上げてみた。そこには秋晴れの空が広がっていた。筋雲がたなびき、少し下をワシが悠然と飛んでいる。高く連なる峰々と、麓には黄色く色付き始めた森。そして一番下には紺碧の水を湛《たた》えた湖が身を横たえている。生涯を完結させる景色を、彼は今どんな気持ちで見つめているのか。命を奪うものへの憎しみ、天寿を全《まっと》うできなかった怒りは、最期の瞬間まで渦巻くものなのだろうか――。

その時をじっと待つシロイワヤギは、深遠な何かと想いを交わしているように見えた。目頭が熱くなる。鼻をすすると、またキースに睨まれた。

「泣くな。獲ったからには、それはもはや、皆に喜びをもたらすもの。行きすぎた悲しみは、我が身を捧げてくれた獲物に対し、失礼だ」

確かに、この雄大な調和と魂の対話に臨むシロイワヤギを前に、僕の自分勝手な感傷など全く意味を持たない。歯を食いしばって上を向き、深呼吸を繰り返す。

山頂付近のキース。野生動物に対する敬意と狩猟の意味を教えてくれた

やがて、初雪のような衣を纏《まと》った気高き獣は、もたげていた頭をそっと岩の上に乗せ、旅立っていった。

「行こう」——キースが立ち上がる。僕もズボンの砂利をはたいて起き上がった。

「いいか。獲物に最後の力が残されているとしたら、まだ近付いては駄目だ。彼らが死を受け入れるためのひとときを決して穢《けが》してはならない。しっかりと待つんだ。相手がどんな生きものであっても、それは変わらない。そしてその時間は、我々にとっても、とりわけ神聖だ。獲物と、それが還ってゆく大いなるものに、祈りを捧げるべき時なのだから」

不覚にも、また涙がこぼれそうになる。このとき僕は、自分がなぜ、ユーコンに通い続けていたのかを悟った。

―ヘラジカ―

カナダの野生動物の中で、いちばん旨いのがヘラジカだという。最近はファストフードに走り、ジビエをあまり食べなくなった若者たちでさえ、口を揃える。皆の垂涎《すいぜん》の的であるヘラジカだが、キースは、年に2頭しか撃たない。キースの親族がひと冬を越すのには、それで十分だからだ。食べない肉は獲らない。たとえヘラジカであろうとも、その掟を破ることは許されない。

ヘラジカは世界最大の鹿で、巨大な雄は体重700キロに達する。極めて用心深くて賢く、人間の前には滅多に姿を現さない。最も美味しく、最も手強い相手。ヘラジカを仕留めることは、ハンターとして最高の名誉だ。誰かがヘラジカを仕留めると、噂はあっという間に街中に広がる。

キースが狙うのは雄だけ。しかも獲るのは秋の10日間ほどに限られる。夏は、撃ってもすぐにハエがたかって卵を産むため、肉が駄目になってしまう。冬は痩せていて美味しくない。秋には、肉に脂《あぶら》が乗り最高の状態になる。そしてもう一つの理由は、ちょうど絶品の肉がとれる間だけ、普段よりヘラジカの雄が断然獲りやすくなるからだ。

9月中旬、ヘラジカは繁殖期のピークを迎える。雌を求める雄は広い範囲を徘徊し、警戒心が薄れる。この時を狙うのだ。雄はしばらくさすらい続けるが、一旦繁殖モードに入ると何も食べなくなり、急速に脂が落ちてしまう。雌を巡ってのたび重なる大喧嘩によって、大

キースが撃った中で最大のヘラジカの角。幅は1.6メートルを超える

きな傷を負っていたり、肉が傷んだりしているものも増えてくる。キースが年に10日ほどしかヘラジカ猟をしない理由はそこにある。僕はいつも、できるだけそのタイミングに合わせてユーコンを訪ねていた。しかし、さすがのキースをもってしてもヘラジカを獲るのは簡単ではなく、何度通っても、僕の滞在中にその瞬間が訪れたことはなかった。

8回目の訪問時。今度こそは、とことん本気でヘラジカを狙おうということになった。僕らは四輪駆動のバギーや、更に走破性の高い八輪駆動車に野営道具と食料を積み込んで山に分け入った。

道なき道をどんどん上がってゆく。僕が運転するのはバギー。シビアな局面が絶え間なく続く。急斜面を縦に登るのはまだしも、横方向に走るのは困難を極めた。ハンドルを取られ、山側のタイヤが浮く。下手をしたらバギーごと坂を転げ落ちる。「その時にはバギーを捨てて、山側に飛べ。谷側に落ちて車体に巻き込まれたら万事休すだぞ」とキースがアドバイスをくれた。ただでさえ、大きく傾いたバギーから僕自身が転落しそうなのに「この状態からどうやったら上方向に飛べるんだよ」と恐怖に慄《おのの》く。そんな僕を尻目に、キースのテンションは最高潮。どうやら、悪路はキースにとっては単なる娯楽で、冒険心を煽《あお》り立てる存在でしかないようだ。

突然キースが、ロックバンド・AC／DCの名曲〝ハイウェイ・トゥ・ヘル〟を絶叫するように歌い出す。まさにこの道がそれだ、とゲラゲラ笑いながら更にアクセルを吹かす。永遠の不良少年の勢いは留まることを知らない。

人里離れた山奥に入ったからといって、すぐにヘラジカが出てくるはずもない。当座の食事の材料は、旅の途中で調達してゆく。バギーの騒音に驚き、たまに藪から飛び立つ鳥がいる。ハリモミライチョウだ。ハトを一回り大きくしたくらいの体つきで、赤身の肉はコクがあって旨い。なんとそれを見つけたのは、このとき同行していたキースの孫だった。年齢は、まだ9歳。既に狩猟に興味を持っていて、キースの狩猟にも何度も同行しているそうだ。なんと早熟な、と感心していたら、キースは6歳で初めてのライチョウを、更に14歳でヘラジカを仕留めたとのこと。本当に彼らには敵わない。

森林限界ギリギリの標高にベースキャンプを設営する。いつもの通り、テントは張らない。夕食は獲れたてのライチョウのソテー。ここではお約束のキャンプ飯だ。更に標高を上げ、木々が生えない山頂付近で野宿をする際の定番メニューは、ホッキョクジリスの姿焼きに変わる。40センチほどの小さな体は一食分にしかならないが、確実に獲ることのできる有

道なき道や急斜面をバギーで登る。時には、バギーが転倒したり泥にはまったりすることもある

難い動物だ。岩場の隙間に暮らす彼らは、たまに地上に現れては後脚だけで立ち上がって辺りを見回す。あちらに1匹、こちらに1匹と、不意に姿を見せるジリスを小口径のライフルで仕留める。日本の子供がゲームセンターでモグラ叩きゲームに興じるように、ユーコンの子供は山でジリスを撃ちながら狩りの腕を磨く。最終目標である大物が獲れるまで、こうして当座しのぎの糧《かて》を現地調達しながら、ひたすら粘るのだ。

翌日。森林限界の上に広がるヤナギの灌木帯を目指した。ヤナギはヘラジカの雄の大好物で、角を大きく成長させるのに欠かせないとキースは言う。ちなみに雌や子供は、もっと標高の低い水辺に暮らしている。泳ぎが得意で、水草を食べるために平気で全身が完全に水没する深さまで潜ってしまうそうだ。

灌木帯に入ると、一面のヤナギは僕の胸の高さにまで生い茂っている。これでは銃を撃つのは難しい。見晴らしのいいポイントを目指す。生い茂る木々から一段高く突き出た岩場に到着した。バギーを停め、双眼鏡を取り出す。鵜の目鷹の目でヘラジカを探す。しかしどれだけ探しても姿は見当たらない。茫漠たる原野で、どうやったらヘラジカに巡り合えるというのか。実は、秘策がある。

「んンーーンァッ、んンーーーンァッ！」キースが鼻に手を当てて、くぐもった声を出す。発情したヘラジカの雌の鳴き声を真似ているのだ。特別な道具を使うわけでもなく、ただ声

ヘラジカの雌の鳴き真似をするキース。雄の習性を巧みに利用して誘き寄せる

を上げているだけ。そんな原始的な作戦が通用するんだろうかと訝《いぶか》しんでいると、驚いた。どこからともなく、本当に雄が姿を現したのだ。

こんな簡単な手に引っ掛かり、いそいそと姿を現すとは。雄とは斯《か》くも短絡的で不甲斐ない生きものなのか。同じ雄として、なんとも情けない気分に陥る。大きいなあ、と感心していると、まだまだ若くて小さいという。しばらくしてもう1頭、更なる威容を誇るヘラジカが現れた。名前の由来となったヘラ状の巨大な角を振り回している。あまりの雄々しさに陶然となる。撃つならアイツだ、とキースがジェスチャーで伝えてくる。距離は500メートル以上。いくらなんでも遠すぎる。

近付いてくるのを辛抱強く待ったが、しばらくするとその雄は立ち去ってしまった。完全に発情していれば、10メートルの距離まで近寄ってくることもあるそうだ。まだ発情の度合いが足りず、少なくともあと数日はかかるとキースは言う。9歳の孫を連れていたこともあり、後ろ髪を引かれながらも山を降りた。せっかくヘラジカ狩りのためにユーコンまで来たのに、またしてもダメだったか、と僕は肩を落とした。

ところが、チャンスは意外なところに転がっていた。

下山したキースが街で友達と立ち話をしていると、なんと昨晩、近くの林道の奥で大きなヘラジカの雄を見た人がいるという。色めき立った僕らは、家にライフルを取りに戻るやいなや、一目散にそのポイントを目指した。キースが雌の鳴き真似をする。何も変化はない。しばらくしてもう一度。すると、遠くから低い音が聞こえてきた。

「んフォッ、んフォッ!」——なんと、雄が鳴き返してきたのだ。一気に緊張が走り、期待が高まる。しかし焦りは禁物。早く誘《おび》き寄せたいがために、雌の鳴き真似をしすぎると怪しまれ、逃げられてしまう。逸《はや》る心を抑える。時間が異様に長く感じられる。

少しだけ立ち位置を変え、5分以上おいて、また鳴き真似をする。雄の返事が前よりも近い場所から聞こえてきた。キースが僕を振り返って頷《うなず》く。雄は完全に繁殖のスイッチが入っている。キースの、ハンターとしてのスイッチも同様だ。後ろ姿から、凛とした気が充溢《じゅういつ》しているのを感じる。僕も必死に耳を澄ます。すると、ポキッと枝が折れる音や、ガサガサと落ち葉を踏む音が聞こえてきた。やがて木立の枝が揺れるのが見えた。近い。心臓が暴発しそうだ。最後の鳴き真似。そして遂に、それは現れた。

恐怖心を捨て去った鹿の王。巨岩のような体軀《たいく》が放つ壮烈なオーラに固唾《かたず》を呑む。僕の眼前に立つのは、この世の生きものなのか、或いは魔界からの使者か。周りの空気が揺らぎ、歪《ひず》む。いつまでも眺めていたい。怒濤《どとう》のように押し寄せる波動を浴び続けたい。しかし密《ひそ》やかな僕の願いは、ライフルのトリガーにかけられたキースの右人差し指によって断ち切られた。

胸に弾をまともに喰らった瞬間も、巨大なヘラジカは微動だにしなかった。銃声のこだまが消え、静寂が訪れる。彼は立ち尽くしたままだ。やがて少しずつ、体が揺れ始めた。右にゆらり、左にゆらり。その振れ幅が大きくなってゆく。そして、大木が切り倒されたかのような音を立て、遂に倒れ込んだ。キースの目は静もったままだ。近付いていいのだろうか。それとも、見守って祈るべきなのか。判断しかねている僕に、キースが目だけで「行け」と指示した。

ヘラジカから発生する重力に引きずられるように近付き、ひれ伏す。彼の目は大きく開いたまま、虚空《こくう》を見つめていた。

キースが止め刺しのナイフを入れると、驚くようなことが起きた。ヘラジカの呼吸はもう止まっていたはずなのに、最期の息を吐いたのだ。何十秒続いただろうか。ブォーーッと響く、重たく長い音。遠雷と地鳴りが一体化したような、振動を伴った風が吹き付ける。それを胸一杯に吸う。全身に鳥肌が立つ。王の中の王。彼の魂の遺産を受け継いだのは僕だ。これを、また次の継承者にしっかりと手渡せるように、僕は生きねば――。

キースの見立てで500キロという巨体を解体するのは本当に骨が折れた。実はその日は滞在の最終日で、翌朝6時の飛行機に乗る必要があった。深夜まで作業したが結局完全には終わらず、あとはキースが引き受けてくれることになった。皮剝ぎに、骨切りに、酷使した体は疲労困憊《こんぱい》だった

仕留めたヘラジカを前にしたキースと筆者。500キロ近い獲物の巨大さが分かる

が、それは大きな喜びでもある。我が身を道具としてきっちりと使い切る。解体中にナイフの切れ味が落ちていくように、握力は萎え、膝はガタガタになり、腰も痛い。それでも、これがとても正しいことだと思える。すり減る。研ぎ直す。また使う。この作業を命の限り続けていくのだ。

＊

キースと一緒に獲った肉は、どれも途轍《とてつ》もなく旨かった。若いミュールジカの、臭みとは無縁の洗練された味わい。シロイワヤギのステーキはコクのある風味が最高で、僕は5枚も平らげてキースを呆《あき》れさせた。目の前で仕留められたヘラジカは解体が間に合わず、食べることはできなかったが、以前からキースは自分が撃ったヘラジカを振る舞ってくれていた。だから、味はよく知っている。腎臓の周りに付く極上の脂をフライパンにひき、柔らかいヒレ肉を焼けば、音を聞いただけで涎《よだれ》が出てくる。骨ごと切ったモモ肉を低温調理器で何時間か煮込むと、身はホロホロとなって骨髄まで美味しく食べられる。内臓も余すところなくいただく。4つある胃のうちの2番目、日本語でハチノスと呼ばれる部位は、"Old lady's hat"という呼び名がついている。確かに、毛糸で編んだニットのような質感で伸縮性に富んでいる。形も半円形で、頭にすっぽりと被ることができそうだ。3番目の胃であるセンマイは、英語では"Bible"。いくつもの薄い襞《ひだ》は、聖書のページが重なっているように見えなくもない。両方とも鍋で煮てコリコリとした歯応えを楽しむ。脂が豊富な大腸は長い管を開いて5

センチ幅くらいに切り、ベーコンのようにカリカリに焼く。そして、ヘラジカのあらゆる部位の中で僕の一番のお気に入りは、鼻だ。大きくて長く、間延びしたような形をしている鼻。全体を覆う毛を焼いて落とし、ゆっくりと煮込む。黒く変色した皮をナイフで丁寧に取り除き、少し塩をつけて口に放り込む。濃厚な脂、コリコリとした軟骨、更にはとろけるように柔らかい肉。色々な味と食感が、絶妙なバランスで複雑に混ざり合う。まさに、珍味中の珍味だ。こうしたもの全てを味わうには、やはり遠路遥々キースのところまで行く必要がある。そして、その価値は十分にある。

キースが獲物を撃つと、噂を聞きつけた友人が続々と集まり、宴会が始まる。自分ではもう獲物を仕留めることができない老人には、肉を配って回る。集落に笑顔が溢れる。キースの言った通り、命を捧げてくれた獣たちは、確実に人々に喜びをもたらす存在となっていた。美味しくて、嬉しくて、こんな風に肉を食べたのは初めてだった。それは、店で購入する肉とは明らかに意味合いが違っていた。同じ山を歩き、同じ空気を吸い、同じ景色を見ていた者同士。牛の肉、豚の肉、といった認識とはレベルを異にする。「あの鹿」の肉であり、「彼」の肉なのだ。

ユーコンに通い、自分と深い関わりを持つ獣の肉で体と心を培ってゆく中、僕は「知る」ということの本当の意味についても考え始めていた。

壮大な景観の中を歩むキース。彼が自然について語る言葉は全て学びとなる

鹿肉を知っている、と言う人は多い。ジビエとして流通している事実だけでなく、低脂肪で高タンパク、鉄分が多くてヘルシーだという情報まで把握している人もいる。しかし、そうした人たちと会話をしていても、蓋を開けてみると、実際には殆ど食べた経験がないといったこともよくある。ネットで検索し、瞬時に文字情報を入手するのも、確かに知ることの一端ではあろう。それに対し、腑《ふ》に落ちる、という言葉がある。十分に理解し、得心するという意味だ。腑とは、五臓六腑の腑で消化器を意味する。咀嚼し、味わい、嚥下《えんげ》して分解する。それが消化管壁から吸収されて血流に乗り、全身を巡る。そのように時間と手間暇をかけることで、初めて自分の血肉となるものもあるはずだ。

若い頃の僕は、何でも見てみたかったし、何でも知りたかった。元々海外が好きで、仕事の出張を含めれば、訪れた国は70近くになる。世界中を旅しながら、広く浅く見聞を広めてきた。それはそれで、いい経験を重ねてきたと思う。でも人生には限りがある。様々な体験を踏まえ、一度しかない人生を何に投じるのか。膨大な選択肢からどれを選び、どこに心を定めるのかは自分次第だ。だから僕は、これからもユーコンを繰り返し訪れるだろう。

毎回、キースは狩猟に連れて行ってくれるが、学びの場はそこだけではない。例えば薪割り。僕が何度斧を振り下ろしても割れない太い丸太を、彼は一発で割ってしまう。力も強いがそれだけではない。年輪や木目をひと目見て、どの場所にどの角度で斧を打ち込めばいいのかを的確に見抜いているのだ。小気味よい音と共に、左右に跳ね飛んでいく半円の薪を見て思う。僕にとって、かっこいい、というのはこういうことなんだと。

そして何よりも僕の学びを深めるのは、キースが発する言葉だ。決して口上手ではない。しかし彼の言葉は、しばしば僕の想像を超えた次元と連鎖する。

「この葉がこんな風に揺れているから、そろそろ雨が降るぞ」。すると驚いたことに、本当に雨が降ってくる。

「この森は、500年前は草原だったんだ」。遠い目をして、遥か昔の景色を昨日のことのように語る。

一つ一つの言の葉が、どれだけ深く根を下ろした樹から出ているものなのかは、しばらくその人と話していれば見えてくる。何億にも枝分かれした微細な根の先端が、数千年をかけて深淵な地中をまさぐる。少しずつ養分を吸い上げ、幹を太らせ、枝を伸ばす。大地のエネルギーと、悠久の記憶が、葉脈の隅々まで行き渡っている言葉。忙《せわ》しない現代社会を、電波に乗って飛び交うワードとは根本的に作りが違う。すぐに賞味期限が切れて見向きもされなくなったり、時代という強風に呆気なく飛ばされてしまったりするような代物ではないのだ。

キースの言葉は、まるで彼の節くれだった手のように、分厚くて強い。それが僕の心を鷲摑みにし、揺さぶり続けている。

Life is once

触れるほどに魅了されてゆく、北米先住民の文化や叡智——。実はキースと出会うずっと前から、僕は限りない広がりを持つその世界に傾倒していた。自分がユーコンに通うようになるとは知る由もない20代の頃の話だ。

きっかけを作ってくれたのは、一人の日本人フォトグラファーだった。僕はどのように導かれていったのか。時計の針を巻き戻し、軌跡を辿《たど》ってみたい。

男の名は、星野道夫。アラスカの雄大な風景や野生動物の息遣いを見事な作品に切り取ってきた、世界的に有名な写真家だ。彼の目線は極北の地に暮らす人々にも注がれた。星野は、彼らが抱える切なさや温かさを、情感豊かに描写する名文筆家でもあった。星野のエッセイは、小学校や中学校の教科書にも掲載されている。

19歳の時、大学生だった星野は神田の古本屋でアラスカの写真集に出会う。そこに載っていた一枚の写真が彼を虜《とりこ》にした。ベーリング海と北極海がぶつかる海域に浮かぶ、寂寞《せきばく》とした島。低い太陽光に照らされた建物が点々と浮かび上がるが、人影はない。今にも冷たい海に飲み込まれてしまいそうなエスキモーの村を、空から撮影したものだ。地の果てのようなこの場所には、一体どんな人たちが暮らしているのか。彼らは何故、そこに暮らさなければならないのか。星野は、その村を訪ねてみたいという想いを、抑えきれなくなっていった。まずは手紙を出したい。しかし、住所が分からない。だから宛名には、写真のキャプションに書かれていた村の名前を頼りに「アラスカ・シシュマレフ・村長様」とだけ記した。そして、「仕事はなんでもしますので、どこかの家においてもらえないでしょうか」と懇願した。

半年後。手紙を出したことも忘れていた頃に、星野を受け入れる旨の返事が届いた。若者の闇雲な熱意が、見ず知らずの村長の心を動かしたのだ。その夏、星野は早速シシュマレフ村に飛び、3ヶ月を過ごした。アザラシの解体を手伝ったり、トナカイの狩猟に同行したりしながら、エスキモーの生活に入り込んでゆく。この鮮烈な体験が、後の彼の人生を決定付ける。数年後、星野はアラスカで暮らすようになり、更に色々な先住民たちと親交を深めていった。グイッチン族、ハイダ族、クリンギット族。

やがて星野は、不思議なことに気付く。部族は違えど、彼らの神話の中には、ある共通したモチーフが存在しているのだ。それが、ワタリガラスだった。星野はその理由を詳《つまび》らかにしたいと、各地で取材を重ねてゆく。旺盛な好奇心は、数万年の時間軸を持つ北米先住民の人類史の中へと分け入っていった。やがて彼は、モンゴロイドがワタリガラスの神話を携え、アジアから新大陸にやって来た、という推察に至った。更に、その重要なルーツの一つが、日本人ではないかと考えるようになっていった。星野は、新たな探索の旅に出ようと心に決めた。至る所に残されたワタリガラスの伝説を道標《みちしるべ》に、人類がアラスカに渡って来た道のりを遡《さかのぼ》ってゆくのだ。彼はそれを、レイヴン・ジャーニー（ワタリガラスの旅）と名付け、シベリアへと旅立つ——。

20代前半で社会人になりたてだった僕は、瑞々《みずみず》しい感性と、どこまでも誠実な筆致で書かれた星野の文章を耽読《たんどく》しながら、北の自然への憧れと彼への尊敬の念とを膨らませていた。いつか広大なアラスカを旅し、本人を訪ねてみたいと夢見ていた。しかし僕の願いは、思いもかけない形で断たれることとなった。

1996年8月、星野道夫が43歳の時。テレビ番組の取材で訪れたカムチャツカでヒグマに襲われ、不帰の客となってしまったのだ。唐突に、追いかけた背中を見失うことになった僕は、出鼻を挫《くじ》かれたような気持ちになり、深い喪失感に包まれた。

そんなある日、会社の同僚が、星野道夫を取り上げたドキュメンタリー映画『地球交響曲第三番』（龍村仁監督）が上映されていると教えてくれた。星野が命を落としたのは、なんと映画がクランクインする10日前だった。ドキュメンタリーであるにもかかわらず、主役本人を撮影できないという絶望的な状況。製作中止が必至と思われる中でも、監督は諦めなかった。そして、星野に影響を与えた親友たちの言葉をひた向きに拾い上げながら、もはや直接話を聞くことのできない星野の人となりを浮き彫りにしてゆく。入念に行われたインタビューは、ある意味、星野自身が語るよりも雄弁に彼の魅力を物語っていた。僕はますます星野道夫と、彼が愛したアラスカの自然の魅力に引き込まれていった。

映画の登場人物の中で、ひときわ輝いている女性がいた。メアリー・シールズ。著名なマッシャー（犬橇《いぬぞり》家）だ。アイディタロッドという最も権威のある長距離レースを、女性で初めて完走したことで知られている。コースは、アラスカのアンカレッジからノームまで、1500キロを超える。地吹雪が直撃すると、体感温度はマイナス70℃にもなる過酷な道のりを、若き日のメアリーは29日間をかけて走破した。

星野道夫は、初めてメアリーに会った時、彼女の犬橇に乗せてもらった。星野の防寒対策は不十分で、メアリーは、彼がすぐに音《ね》を上げると踏んでいた。しかし、彼女の予想に反し、子供のようにはしゃぐ星野は、どれだけ走っても全く降りようとしない。最後はメアリーのほうが降参し、帰宅を提案した。

星野を夢中にさせたという犬橇。犬と一体になって白銀の大地を駆け抜ける様を想像すると、僕は居ても立っても居られない気持ちになった。メアリーに犬橇を教えてほしい。そして星野道夫の話を聞きたい。人生を変えるような冒険がしたい。折しも、最初に就職した会社を転職のために辞め、数ヶ月のモラトリアムの中にいた僕には纏まった時間があった。憧れの地、アラスカに行くなら今だ。このタイミングを決して逃してはならない。星野道夫も書いている。「大切なのは、出発することだった」と。

どうやってメアリーの連絡先を探り当てたのか、今ではもう覚えていない。確か、図書館で借りた旅行ガイドブックだった気がする。犬橇体験ツアーを開催していたメアリーの、ファックス番号を見つけたのだ。僕は、星野がシシュマレフの村長に手紙を書いたように、彼女にファックスを送った。「何でも手伝います。だからしばらく滞在させてください」――文言もかなり似ていたように思う。そしてこれまた星野同様、半ば諦めかけていた頃に返事が届いた。そこには「1週間考えさせてほしい」と記してあった。祈りながら次の便りを待つ。きっかり1週間後、朗報が届いた。1998年12月。僕は一路、厳冬のアラスカ・フェアバンクスに向かった。26歳のことだった。

初めて会うメアリーは、映画で見た通りの温かでチャーミングな笑みを浮かべていた。庭には9頭もの犬がいた。やんちゃ盛りの若い犬に、風格に満ちた老犬。中には、日本では見たこともないほどに巨大なものもいた。人懐こい一頭がひょいと立ち上がり、僕の肩に前脚をかける。あまりの重さに思わず後ろに倒れそうになる。ハッハッと息をしながら涎を垂ら

1998年12月、筆者を迎え入れてくれた犬橇家のメアリー・シールズ

マイナス20°Cでも、犬たちは少し走ると暑くなり、雪の上を転げ回っていた

している顔は、僕の目線と同じ高さにある。これがブリザードをものともせずに橇を引く犬なのか。逞しい体軀に目を瞠《みは》った。

翌日から早速、犬橇修行が始まった。まずは犬の世話だ。餌や水をあげてフンを片付ける。アラスカの冬は湿度が低く、犬たちは脱水症状になりやすい。だから、餌よりも水が大事だとメアリーが教えてくれた。尿の色が濃くなっていないか、常に気を配る必要がある。性格は一頭一頭、全く違う。人見知りを一切しない闊達な犬もいれば、餌をあげても人間が立ち去るまで決して口をつけない小心者もいる。大胆だったり、慎重だったり。従順だったり、自立心が強かったり。それを知るのはとても重要で、撫《な》でたり抱いたりしながらコミュニケーションを図る。

「犬たちは、いつも私に何かを伝えようとしている。私にはそれがよく分からなかったりするけれど、皆とても根気よく語りかけてくれるのよ」というメアリーの言葉が、とても印象的だった。

続いて、家の周囲を走る基礎練習が始まる。橇を引くメインロープに、犬を繫いでゆく。皆、走りたくてたまらない。自分を連れて行ってくれ、とギャンギャン吠えながら主張する。それぞれの個性やコンディションを見極めた上で、その日の走行プランに合わせ、どの犬をどのポジションに起用するか。適材適所の采配も、犬橇家の腕の見せ所だと言う。

初心者は4頭くらいから。技術の向上に伴い、犬の数を増やしてゆく。まずはメアリーが操縦して、僕が荷台に乗る。走り出すなり、犬たちの熱い息遣いを肌で感じる。今まで犬といえば、ペットとして可愛がるだけの存在だった。しかしここでは、目的意識を共有し、ミッションを共に遂行するための仕事仲間だ。僕と犬との関係性がガラリと変わったことを感じる。時速は20キロにも満たないだろうが、目線が低いため、すごいスピード感だ。橇が跳ね、雪が飛ぶ。顔をはたいてくる小枝を両手で払いのけながら、スリルを楽しむ。星野道夫も、こうして最初はメアリーが操縦する橇の荷台に乗ったのだ。どれだけ走っても降りようとしなかった、という気持ちが分かる。僕は今、彼と同じ光景を見ながら、同じ高揚感をシェアしているんだ。耳元で「やあ、よく来たね。どう、楽しいだろ?」と話しかけられているような気分になる。思い描いていた形とは違ったが、星野に会いたいという夢が少しだけ叶った気がした。

犬が引くことのできる重量は、自分自身の体重とほぼ同じだという。体重40キロの犬が4頭なら160キロ。メアリーと僕が2人で乗ると、それほど余裕はない。坂道では橇から降りて後ろから押さなくてはならないし、一定の斜度を超えると、僕が押したとしても進まない。スピードにせよ、登坂能力にせよ、移動手段としての犬橇の性能は限られている。しかしそれが逆に、自然はここまでは僕たちを受容してくれるが、その先は許されないといった、ある一定の基準値を教えてくれている気がした。四輪駆動車やスノーモービルなどの動力を使い、そのラインを力ずくで乗り越えてゆくよりも、犬橇の運動能力や自然環境をきちんとわきまえ、尊重するほうがきっと大切に違いない。本当の意味で、自然の中で生きる力とは、可視化できないその一線を見極める能力のことではないだろうか。

ちょっと意外で面白かったのが、犬たちが走りながらも排泄することだった。便意を催した犬は、背中を丸めて腰を落とす。そして他の犬に軽く引きずられる体勢をとる。橇に座って目線が低くなっている僕の目の前で、彼らはおもむろに固形物をボトボト落とす。モワっとした臭いが鼻をつくと同時に橇はそれを踏みしだき、犬は何事もなかったかのように疾走を続ける。走りながら息むなんて、とても人間には真似のできない芸当だ。橇犬とは大したものだと感心した。

しばらくするとメアリーと選手交代。僕が操縦を任される。犬は、本来は群れで生活し、明確な上下関係の中で暮らす生きもの。彼らを統率するのに必要なのは、強いリーダーシップだ。自分が犬たちの上位に立ち、確固たる意思を伝える。自信のなさが露呈すると、彼らは言うことを聞いてくれない。空威張りも御法度だ。簡単に見破られてしまう。僕が走ろうとするだけでは駄目で、犬たち自身が走りたいと思ってくれる必要がある。皆の気持ちがバラバラになると橇は止まる。各々の犬が勝手なことを始める。寝転んだり吠えあったりして、いくら叱りつけても聞く耳を持たない。そんな時、メアリーは橇から降りて一頭一頭の犬と対話する。怠けている犬は、目を見つめて諫《いさ》める。よく走っていた犬は、抱きしめて褒める。犬の視線と意識を自分に向けさせ、静かにチームの集中力を高めてゆく。そして彼らの動きが止まり、全ての目線がメアリーに注がれた瞬間。甲高い掛け声が響き、犬たちは再び猛然と走り出す。犬と人の心が同じ方を向いて束ねられ、太さを増すことで生まれる牽引力。これこそが犬橇の醍醐味だ。

翌日からしばらく、森の奥にある山小屋に滞在しようという話になった。犬橇でしか行くことのできないその家は、24年前にメアリーが自力で建てたものだ。橇の幅しかないトレイルを、延々20キロ近く走る。途中、ヘラジカやライチョウが現れるたびに犬たちの本能が呼び覚まされ、暴走が始まる。必死になだめ、秩序を取り戻す。メアリーと交代で操縦しながら、2時間半ほどで到着した。

言うまでもなく、小屋には電気もガスも水道もない。水を汲むには、近くの小川まで犬橇で行く必要がある。まずは、凍結した水面を斧で叩き割る。穴を開けると柄杓《ひしゃく》で水を汲み、巨大なバケツ3個を満たす。重すぎて人間の力では運べないので、橇に積んで小屋に戻る。

冬至も間近なこの時期、日は短い。10時過ぎにようやく太陽が昇ると、地平線上をズリズリと這い、15時前には沈んでしまう。日中はずっと、夕焼けのような淡く切ない空が広がる。暗くなる前に、急いで犬たちに餌を与える。ドッグフードにラードをたっぷりと混ぜた栄養食を作っていると、不意に頭上から不思議な鳴き声が聞こえてきた。声の主はワタリガラス。ドッグフードのおこぼれに与《あずか》ろうと、目ざとく集まってくるらしい。犬小屋の上にとまったり、犬の頭上スレスレを飛んだり、まるで犬たちをからかっているようにも見える。

メアリーには、ワタリガラスに関する忘れられない思い出がある。ある日、庭にやってきた2羽のワタリガラス。1羽が地面に下りると、犬小屋の前に並んでいる金属製の餌皿を、オセロのように片っ端から裏返してしまった。それをじっと見ていたもう1羽が入れ替わりで地面に下りる。そして再び全ての皿をひっくり返し、元に戻す。2羽は向かい合うと、顎を上げてコロコロコロと鳴き交わした。あの瞬間、彼らは確実に笑い合っていたとメアリーは断言する。そして、森の賢者であるワタリガラスには、ユーモアのセンスがあるのだと。

太陽が沈むと、灯りはランプとロウソクだけだ。パチパチと火がはぜる薪ストーブの前で過ごす長い夜を、メアリーは「ストーブと語り合う時間」と表現する。星野道夫の話もたくさん聞かせてくれた。とても不器用で慌てん坊なところがあり、何かと小さな失敗をやらかす。英語もよく間違える。その様子がおかしくて、彼と過ごすのは本当に楽しかったという。星野自身のエッセイやドキュメンタリー映画からは窺うことのできない素顔を、垣間見た。彼がどれだけ友人から愛されていたかを知った。それはきっと、星野が彼を取り囲む人々以上にその人たちを愛し、敬っていたからだろう。

犬橇でしか辿り着けない森の奥の山小屋。メアリーが20年以上前に自力で建てたもの

暖房も料理も全て薪ストーブだけでまかなう。水は凍結した小川の氷を割って汲んでくる

夜。衝撃的な出来事があった。寝ていた僕をメアリーが揺り起こした。外に出て、西の空を見てみろと言う。しっかり厚着をして夜空の下に立つと、遠い山の上に薄い緑色の光がたなびいていた。オーロラだ。天女の羽衣を、そよ風が揺らしているかのような情景を、恍惚として眺める。小屋の中から窓越しにオーロラを見ていたメアリーは、やがてベッドに入った。僕は宇宙という劇場を贅沢にも貸切にし、壮大な天文ショーのたった一人の観客となった。オーロラは徐々に広がりながらこちらに近付いてくる。動きもダイナミックになってゆく。ぼんやりとした緑だけだった色も、赤やピンクが混じり、鮮やかさを加速度的に増す。しばらくすると、空の半分以上がオーロラで覆われてしまった。

星野道夫も多くのオーロラの写真を撮った。撮影時のエピソードはエッセイにも語られている。マイナス50℃にもなる厳冬期に1ヶ月もテントを張り、凍傷になりながら挑んだ撮影。それでも満足な写真が撮れたのは一晩だけだったという。それなのに僕は、アラスカに来て早々に、こんなに素晴らしいオーロラを見ることができた。自身の幸運を噛み締めた。

極彩色の巨大な濁流。色とりどりの光は雪にも反射する。上から下から、オーロラが僕を挟み撃ちにする。初めは美しさを堪能していたが、あまりの迫力に僕はだんだん追い詰められているような気分になっていった。闇夜の向こうに封印されていた、禍々《まがまが》しく凶暴な電磁波が解き放たれ、大地を飲み込まんと荒れ狂う。渦中に巻き込まれた僕は、嵐の中の小舟のようにもみくちゃにされる。凄まじい動きとは裏腹に、辺りは完全な静寂に包まれている。

視覚は錯乱状態となるほどに掻き回されているにもかかわらず、聴覚への刺激は皆無だ。猛烈な違和感。驚異というレベルをとうに通り越し、恐怖でしかなかった。

重圧に押し潰されそうになりながら耐え忍んでいると、突如、背後でガサゴソと音がした。ギョッとして振り向くと、それは犬小屋から起き出してきた橇犬たちだった。あまりの明るさに目を覚ましたのだろうか。敢然と空を見上げた彼らは、一斉に遠吠えを始めた。力強くも物悲しい、胸を締め付けられるような調べ。瀑布《ばくふ》の如き光を、音の波動が受け止め、じわじわと押し返してゆく。そして遂に、狂乱の宴は最大の山場を迎えた。真っ暗な森の奥深くから、更に野太い吠え声が響き出したのだ。声の主は、凍てついた大地を統べる最強の肉食動物。オオカミだ。勢いを増す咆哮《ほうこう》は、攻め込んできた極光を迎え撃つ鬨《とき》の声なのか。或いは、大気圏をのたうつ絵筆に触発され、自らも力の限りに命の歌を唄い始めたのか。光には熱い血が通い、オオカミは重力の枷《かせ》を引き千切《ちぎ》り宇宙を駆け巡る。一体、何が起きているのか。どう解釈したらいいのだろう。それはまるで、天と地がお互いの名を高らかに呼び交わしながら、貪欲に求め合っているかのようでもある。混乱の極みにあった僕は、繰り広げられる奇跡を前に、ただただ立ち尽くすのみだった。

星野道夫の最初のシシュマレフ滞在が3ヶ月であったのに対し、僕がフェアバンクスにいた期間は、たった2週間に過ぎなかった。それでも僕は生まれて初めて「本物の旅」というものを体験したと感じていた。更にその旅は一生の思い出に加え、新たなる旅への切符を僕にくれた。

滞在の最終日。僕は土産物屋街に立ち寄った。何軒かの店を回り、自分用にはクリンギット族やハイダ族の神話を集めた本を数冊買った。

もう一つ、最初の店で目をつけていたアイテムがあった。先住民が歌や踊りに使う、皮張りのドラムだ。荷物になるので最後に買おうと思っていたが、戻ってみると店は既に閉まっていた。がっかりして歩いていると、別の店のショーウィンドウにひっそりと飾られたシルバーのリングに目が留まった。幅広の地金に彫られているのは、ワタリガラスの横顔。嘴《くちばし》には金で出来た太陽を咥《くわ》えている。神話をモチーフにしているのはすぐに分かった。一目惚れして買い求めたこの指輪が、その後の僕を導くことになる――。

*

8年後の2006年4月22日。代々木公園は人で溢れかえっていた。開催されていたのは、アースデイというイベントだ。世界各地で同じ日に執り行われ、地球環境について考えてアクションを起こそうというのが趣旨だ。フライヤーには、あるブースでクリンギット族によるストーリーテリングが開催されるとあった。僕は期待に胸を膨らませて、そのテントを訪れた。そこにいたのが、後に僕の師匠となるキースだった。アイヌ民族との交流プランに基づき、カナダから招待されて来日していたのだ。

キースの語りが終わるや否や、たくさんの人々が彼に群がった。星野道夫の著作の影響もあり、北米先住民の文化に興味を持つ人は多い。日本語の通訳を介し、キースは丁寧に質問に答えていた。しばらくして、大人しく順番待ちをしていた僕に声を掛けてきたのはキースのほうだった。

「どうしてその指輪をしているんだい？」

クリンギット族、しかも神話の語り部と話ができるだなんて、千載一遇のチャンスだ。こ

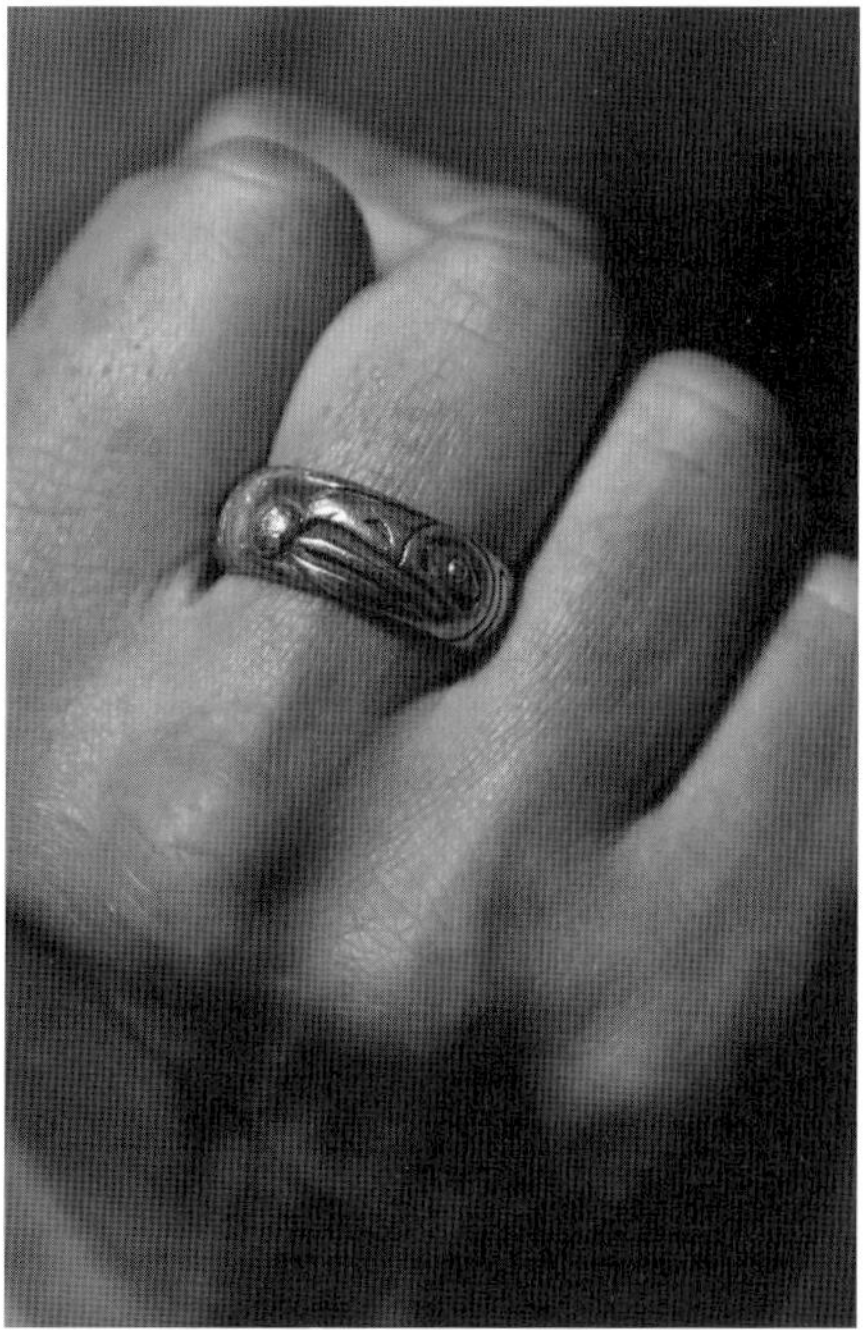

初めて行ったアラスカで買い求めたワタリガラスの指輪。その後の運命を決めた宝物

の出会いを無駄にしてはならない。僕は少々勢い込んで、自分が北米先住民の神話に興味があることや、極北の自然に憧れてアラスカを旅したこと、指輪はその時に手に入れたことなどを話した。そして、もっともっと学びを深めていきたいと抱負を語った。黙って僕の話を聞いていたキースが、僕の目を真っ直ぐに見据えて放った言葉は、生涯忘れられない。

"Hey, Life is once. Yeah, you gotta do, what you wanna do."

人生は一度きり。だからやりたいことをやれ――。

当然といえば当然。なのに、頭を撃ち抜かれたような衝撃を受けた。きっと誰もが理屈では分かっている。でも実際には、自分が進むべき道を死に物狂いで突っ走っている人がどれだけいるだろう。僕自身はどうか。そもそも、自分が本当にやりたいことって、何だ。

キースの話の中でもう一つ、僕の心に深く沁み渡った言葉があった。彼らの一族が、人間を表した言葉だ。

人間とは「大地の一部、水の一部」——何の驕りも偏見もない、カナダ先住民の深遠な教え

"Part of the land, part of the water."

大地の一部、水の一部――。なんと調和に満ちた響きだろう。まるで麗《うるわ》しき詩の中の一篇ではないか。人間という存在に対し、こんなにまで清らかで端的な定義を、僕は他に知らない。必要にして十分。何の驕りも偏見もない。そこから世界を見渡せば、国家や民族や思想の違いなど全く意味を持たない。全人類が、この星と共に手を取り合って歩む同胞だ。

更に俯瞰《ふかん》すると、この言葉が人間に限らずあらゆる命に通じていることに気付く。ワタリガラスに、オオカミに、森の木々。全てが大地の一部であり、水の一部であることに変わりはない。僕たちは皆、大いなるものの懐に抱かれ、その血を分けた兄弟なのだ。

これだ。遂に、見つけた。

いや違う。

導かれ、授かった――。

いつの日か、彼らの言う本当の意味での人間になりたい。大地に根差して揺るがず、美しく水に還りゆく。一度しかない僕の人生は、そのために、ある。

単独忍び猟 事始め

年に一度のまとまった有給休暇を全てカナダ旅行に費やしていた僕は、狩猟採集民のライフスタイルを自分自身でも実践したいという思いを募らせていた。しかし、日常生活の基盤は東京にあった。ユーコンとは環境が違いすぎて、とても同じ世界とは思えない。

異常発生したバッタの大群のような人混み。押しつぶされそうになりながら満員電車に体をこじ入れ、渋谷のオフィスに通う毎日。地下鉄がカーブを曲がる時の、金切り声にも似た軋《きし》みが脳を絞り上げる。思わず耳を塞《ふさ》ぎたくなるが、身動きは一切できない。窓の外に見えるのは、数十センチ先を猛然と流れてゆく暗いトンネルの壁だけ。むせ返るような人熱《ひといきれ》に、額がじっとりと汗ばむ。僕のカバンの角が当たっているのか、密着している隣の乗客が不愉快そうに肩を揺すり、ギロリと一瞥《いちべつ》をくれる。申し訳ない気持ちになりながらも、内心では、僕だけの落ち度ではないのにと思う。彼ら自身もこの状況を作り上げている一因子であるはずだ。同様に僕も、足を思い切り踏まれた日には、同じ目付きで他の乗客を睨みつけてしまっている。身も心も雁字搦《がんじがら》めになっている自分の姿から目を逸らす。抗うのではなく、慣れなくてはいけないのだと、自らを諫める。ようやく駅に着いて地上に出ると、目の前には乱立したビルが徒党を組むように立ちはだかる。壁面には、尋常ではない数の巨大デジタルサイネージが寄生し、目に痛い光と僕には不要な情報のシャワーを浴びせてくる。背後の駅は続々と人間を吐き出す。その波に飲まれた僕は、息をつく暇もなくスクランブル交差点に放り出され、センター街に飲み込まれてゆく。カラスがつついたポリ袋から溢れた生ゴミに、羽目を外し過ぎた誰かの嘔吐物。全てを見なかったことにして、刺激臭が鼻をつく路地を足早に通り抜ける。職員証をタイムレコーダーにかざして出勤時間を打刻する頃には、既に気息奄々《えんえん》となっている——。

僕は自然番組のディレクターとしてテレビ局で働いていた。入局から何年もかけて、遂に配属された憧れの部署。日常生活にストレスと違和感を抱えながらも、仕事へのやりがいが僕の心を支えていた。視聴者に見てほしいと思う生きものがいて、一筋縄ではいかないものの、企画さえ通せれば世界中どこにだって行けた。

とは言え、野生生物の生態を撮影するのは本当に大変だった。行動が殆ど読めない上に、撮りたい瞬間にカメラが回っている必要がある。人間相手のインタビューならば、「すみません、もう一回説明してもらえませんか」などとお願いできるが、ライオンに「もう一度シマウマを襲ってください」と頼むことは不可能だ。更に、現地に行ってみたら、そもそも撮影対象の生きものが全く見当たらない、といった事態もザラだ。企画書通りに物事が進んだためしなど、一度たりともない。それでもディレクターには、視聴者にとって面白く、十分観るに値する番組を作る責務がある。成果のないままに一日が終わり、肩を落として宿に帰る。壁にかけたカレンダーの日付をバツ印で消し、少なくなる一方のロケの残り日数を数える。撮影期間が終わった後のスケジュールは、編集、ナレーション録り、テロップ入れ、オンエアと、既に細かく固められている。そして、放送に穴を開けることは許されない。

自然番組のディレクターという職業については、羨ましがられることも多い。確かに、行きたい場所に行き、会いたい動物に会い、給料を貰ってはいる。傍から見ると、いかにも恵まれた仕事だろう。でも実際は、多大なプレッシャーと胃痛に悩まされ、このまま消えてしまいたいと思い悩む日々の連続だ。そうした中、たまにではあるものの、決定的なシーンが撮影できることもある。艱難《かんなん》辛苦を乗り越え、努力が実を結んだ瞬間。全ての苦労が報われ、喜びが爆発する。

毎回、取り上げた生きものに入れ込み、愛着のある番組が完成する。しかし、放送が終われればそこで区切りが付く。そして、また一から新しいテーマを探し、企画を練る。僕は、仕事に於いても自分の知識と経験を広く浅く、言わば水平に拡張させていった。刺激的ではあるものの、先住民が部族の歴史や周囲の自然を、鉛直に知悉《ちしつ》している次元とは全く異なっていることを感じていた。ユーコンに通い続けたのは、そのためだった。当時の僕には、まだ自らがハンターになるという発想はなかった。狩猟を体験して学びを深めてゆくには、キースのところまで行くことが唯一の選択肢だと思っていた。

ある日、そんな僕に転機が訪れた。会社の上司から、北海道での勤務を打診されたのだ。元々、定期的に地方転勤がある職場で、かねがね北海道で働いてみたいとは思っていた。そして、北海道でなら、自身で狩猟ができるかもしれない。僕は二つ返事でその申し出に飛びついた。

2016年6月。胸を膨らませて北海道に上陸した僕を待ち受けていたのは、雄大なハンティングフィールドではなく、終電帰りが続く過酷な業務だった。それでも北海道で暮らせている幸運を無にしたくはなかった。何年いられるかは分からないし、再度の転勤があることは確実だ。錯綜していた業務を少しずつ整理して隙間時間を捻出すると、狩猟を始める準備に取り掛かった。しかし周囲にハンターなどいない。どうやったら銃を持ち、狩猟ができるようになるのか、相談できる知人もいなかった。僕はインターネットを使って一人で色々と調べては、銃砲店に足を運んで説明を聞き、ハンターになるための手筈を整えていった。

一口に狩猟と言っても、道具は鉄砲だけとは限らない。大きく分けて、銃と罠《わな》と網に分かれる。三つの猟法について、それぞれ個別の免許が必要だ。リサーチの結果、僕は銃と罠の免許を取得し、まずは銃で狩猟を始めることにした。ところが、狩猟免許を取得しただけで銃猟が始められるわけではない。銃の所持自体に、警察が発行する別の許可を申請しなくてはならないのだ。危険性の高い道具であるため法規制は厳しい。講習会と筆記試験、実弾を撃つ射撃教習をクリアした後には、家族や友人、更には職場から周辺住民に至るまで、警察による入念な身辺調査が行われる。精神障害に関する医師の診断書も求められる。

銃の購入について最も悩ましかったのが、どんな銃を選ぶかだった。種類が多く、獲物や用途によって構造も違えば使う弾も違う。カモなどの飛んでいる鳥を撃つには、たくさんの小さな粒が飛び出す散弾銃。エゾシカなどの大型獣を獲るなら、大きくて重い1発の弾頭を撃ち出すライフルが最適だ。しかし、ここに一つ落とし穴がある。様々な銃の中でも、ライフルに限っては、最初に銃の所持許可が下りて10年が経過しないと持てないのだ。だからと言って初心者が鹿を撃てないわけではなく、ハーフライフルなる銃が存在する。機能的にはライフルに近いが、法律上は散弾銃に分類される。1丁の銃で銃身だけを取り替えて、散弾とハーフライフル用の弾を両方撃てるものもある。とにかくややこしく、素人にはよく分からない。

それぞれの銃の使い勝手が全くイメージできない上に、輪をかけて不自由なことがある。検討中の銃を、実際に撃ってみることができないのだ。簡単に人間を殺傷できる銃にはレンタルやお試しは実質的に存在せず、自分が所持した後でしか発砲は許されない。これには本当に参った。

そこに、親身になって色々と教えてくれる救世主が現れた。僕が入会した狩猟同好会の世話人、F氏だ。猟歴30年以上の55歳（当時）。鹿だけでなく、ヒグマも毎年のように仕留めている熟練のハンターであり、どんな相談にも乗ってくれる気さくな人柄だった。F氏のアドバイスにより、僕はカモ用の散弾銃と鹿用のハーフライフルの2丁を、中古で買うことに決めた。

狩猟が許される場所や期間は、都道府県や自治体により細かく定められている。北海道でエゾシカを撃っていいのは、殆どの地域で10月1日から3月31日までの半年間だ。できれば最初の冬から狩猟に出たかったが、銃の所持許可の手続きや審査に時間が掛かってしまい、結局間に合わなかった。そして、待ちに待った初めての猟期、2017年10月を迎えた。

ところが、銃と狩猟免許を手に入れたからといって、すぐに鹿が獲れるわけではない。まず途方に暮れるのが、広大な山林のどこに行けばいいのか、皆目見当がつかないということだ。狩猟が許可されている区域については、資料を見れば分かる。しかし鹿がいるスポットが載っているわけではない。そうした時には先輩のハンターが頼みの綱だが、自分が鹿を撃っているポイントを教えたがらない人も多い。F氏は違った。

閑散とした斜面に立つ鹿。雪の中での一瞬の邂逅

　これまで培ってきたノウハウを惜しげもなく後進に伝える。都合が合えば助手席に僕を乗せて猟場を巡り、たまに車を降りては何キロも一緒に山を歩いてくれる。そのたびにF氏は、鹿がよく出る場所や、彼らの習性を細かく教えてくれた。足跡一つから、どうやったらそこまで深く行動が読めるんだ、と舌を巻くことも多かった。素人考えで繰り出す質問を馬鹿にせず、誠実に答える。F氏自身も正解に迷う場合は、豊富な経験から似たような事例を拾い出し、当時のことを具体的に説明してくれる。まさに、手取り足取りだ。恥ずかしながら、僕が生まれて初めて自分で獲った鹿は、F氏が見つけ「あそこからこうやって狙いな」と教えてもらいながら撃ったものだ。それでもその喜びは大きく、肉の味は格別

だった。Ｆ氏は自分で仕留めるよりよっぽど嬉しいと、一緒になって喜んでくれた。

Ｆ氏が、いつも繰り返す言葉があった。

「獲れた鹿と、獲った鹿は別物」――。

闇雲に車で林道を走っても、鹿に出会えないわけではない。銃を持って何度も山に行きさえすれば、運だけで鹿を撃てることもあるだろう。Ｆ氏の言うところの「獲れた鹿」だ。それに対し、できる限り鹿の行動を読み、力を尽くした上で仕留めたものが「獲った鹿」。一頭の鹿を獲ったという事実は同じであっても、自分にとっての重みは全く違う。Ｆ氏は、結果よりも過程を重視せよ、と言っているのだ。

「大切なのは、どう獲ったかだけで、何頭獲ったかは重要ではない」とも諭された。確かに、競うものではないと分かっていても、他の人が何頭獲ったかは意外と気になる。同時期に狩猟を始めたといった理由で、自分が勝手にライバル視しているハンターの実績などは特にそうだ。そんな僕の虚栄心を、Ｆ氏はやんわりと諫めてくれた。

考えてみれば、狩猟に関する空疎な自慢は多い。射撃でいえば、捕獲数に加え、何百メートルも先の鹿に当てたという話も定番だ。最初の頃は、なんてすごい名人なんだろう、と感心するばかりだったが、今となっては、そうした話を得意満面に披露するハンターにろくな人はいないと思っている。そもそも、そんな遠くの鹿に対し、わざわざ発砲する必要はないのだ。２００メートル先の鹿を撃つよりも、20メートルまで忍び寄るほうが、圧倒的に難易度が高い。本当に狩りが上手な人なら、距離を縮めた上で確実に仕留める。「百発百中」などという言葉も、何頭もの獲物と真摯《しんし》に向き合ってきたハンターにとっては、口にするのも憚《はば》られる表現だろう。

解体についても同じで、自分がいかに短時間で解体できるかを熱弁する人は多い。しかし、可食部の肉を残さずとるには、それなりの時間がかかる。あまりにスピードを重視すると、肉は毛だらけで、骨にもたくさん肉が残ってしまうだろう。強引な射撃も、雑な解体も、命に対して許されない行いだと僕は思っている。

鹿を撃つ経験を少しずつ重ね、心に余裕が出てくると共に、当初は頭数ばかり気になっていたのが、徐々に獲り方が重要になっていった。銃猟の中にも、様々なスタイルがある。獲物を追い立てる勢子《せこ》と、それを待ち構える射手《しゃしゅ》が力を合わせて行うグループ猟もあれば、犬を使う人もいるし、一人だけで山に入る単独猟もある。車で広範囲を走り回って獲物を探す方法は流し猟、自分の足で山を歩くのは忍び猟という。そしてそれを一人で行うのが「単独忍び猟」。キースも、いつも一人、徒歩で獲物を追っていた。それに同行することが僕の狩猟の原体験だったため、馴染みのあるスタイルだ。自然と近しく触れ合うことができるという点でも、最も優れていると感じている。徐々に単独忍び猟にのめり込むのは、僕にとって自然なことだった。何をするにも自分一人。解体に手を貸してくれる人はいないし、肉の運搬は本当に骨が折れる。その代わり、他人に気を遣う必要はない。獲れても獲れなくても、全部が自己責任。喜びも悔しさも、一切合切を独り占めだ。

一人で歩くことが増え、大きく変わったのがスピードだ。ゆっくり歩くべきだと感じた場所では、とことんゆっくり歩く。移動速度、通信速度、処理速度と、何でもスピードアップが求められる現代社会。ところが忍び猟で求められるのはスピードダウンだ。猛烈な勢いで文字を打ち込んでいた右手の指をスマートフォンから解放し、木肌や地面を丹念に触る。高速でスクロールされる文字列から顔を上げ、木々が作り出す微妙な陰影にひたすら目を凝《こ》らす。するとその中に、今までは見えていなかった、じっと身を潜《ひそ》める鹿のシルエットが浮かび上がってくる。

究極のスピードダウンとは静止することだ。きちんと、止まる。これがどれだけ難しいか。元々せっかちな僕にとっては、1時間歩き続けるより、1分間完璧に身動きをしないほうが困難だ。しかし、ハンターの気配を察知した鹿は、5分でも10分でも微動だにしない。忍耐力をはじめ、体力や感覚の鋭さなど、あらゆる面で全く敵わない鹿をどうやって仕留めるのか。いくらお金を積んでも無理だ。学歴や社会的地位も一切関係ない。問われるのは、観察力と想像力、そして最後は気力だ。人間力が根底から試される真剣勝負だからこそ、ますますのめり込む自分がいる。

鹿の足跡を自身の足で辿ってゆく。足跡が立ち止まっていれば僕も立ち止まる。なぜそこで止まったのかを考える。そこから何が見え、聞こえ、嗅ぎとることができるのか。鹿になったつもりで、気が済むまで時間をかける。すると、真新しい食痕《しょくこん》や、前の週にはなかった、雄鹿が角の先を研いだ跡を木の幹に発見し、欣喜《きんき》する。

問いを突き詰めても、明確な答えが出ない場合も多い。仮に扉が開いたとしても、そこには常に、また新しい問いがあるだけだ。それでも多種多様なフィールドサインからひたむきに鹿の気持ちを推し量《はか》る。人間の唯一のアドバンテージである想像力を徹底的に駆使する。

木々に紛れて佇む鹿。完璧な保護色となっていて、周囲に見事に溶け込んでいる

見えない獲物の姿を心に描きながら、一人で山に分け入る単独忍び猟

その結果、自分が思い描いていた通りの場所に彼らを見つけた時の喜ばしさといったらない。たとえ撃てなかったとしても、偶然に現れた鹿を獲るよりよほど嬉しい。銃を手に入れれば、まずは撃ちたい。狩猟免許を取れば、まずは獲りたい。それが徐々にできるようになってくると、その先にあるのは、純粋に彼らを知り、彼らと同化してゆく喜びだ。

目の前に残された、一筋の足跡。それは、分厚い本の中から千切り取られ、舞い落ちてきた1ページに過ぎない。時には単語にさえなっていないこともあり、判読は困難を極める。しかしそこに記されている言葉の断片は、今、主人公が歩いている章の結末を探り出すための拠り所となる。彼らが残してゆく些細《ささい》な痕跡の全てが、新しい物語が誕生する予兆であり、それが僕を虜にして離さない。

単独忍び猟については、色々な懸念もある。まずは、何といっても危険性だ。確かに滑落した場合などの死亡率は、複数で山を歩くのに比べれば圧倒的に高いだろう。山奥で険しい稜線を歩いていたりすると、自分の哀れな末期が思い浮かぶことがある。でも誰もが何らかの形で人生の終焉《しゅうえん》を迎える。そして幕引きの筋書きは、大概に於いて本人の力ではどうにもならない。敢《あ》えて危険に身を晒したり、自ら死に近付いたりするような真似は決してしないことは、言を俟《ま》たない。人様に迷惑をかけないよう、最大限の努力も怠らない。その上で、万が一のことがあったら、それはそれで仕方がないかと思っている。畢竟《ひっきょう》、最も大切なのは、どう死んだかではなく、最期の瞬間までどう生き切るか、なのだ。

　また、よく聞かれるのが、一人で心細くないのか、孤独ではないのか、ということだ。確かに、山の中にいるのは僕だけで、一日中誰とも会わないのが普通だ。寂しさを感じることもよくあった。今まで入ったこともない場所まで来てしまい、あまつさえ天候が荒れてきた時などには不安も増大する。

　でも今は知っている。木立の奥には、同じく吹雪を耐え忍んでいる動物たちがいることを。白銀の大地の下には、春を待つ草花の種が眠っていることを。そして、分厚い雪雲を突き抜けた上には、全ての生命エネルギーの淵源である太陽が常に輝いていることを。ヒトは1匹しかいなくても、周りは命に満ち溢れている。

　そもそも孤独とは何だ。「孤独」という単語を見つめてみる。すると、その意味合いとは裏腹に、二つの漢字が寄り添うことで成り立っているのに気付く。更に解きほぐしていくと、子と瓜、獣偏に虫――。いずれも命の要素で組み上げられているではないか。一人になることで初めて深く実感できる、それらとの繋がり。山で味わう本物の孤独とは、寂しさや不安の先にこそ存在する、無窮の喜びと安寧に浴することではないかと、僕は思っている。

天罰

3月14日と言えばホワイトデー。世間一般の人にとっては恋愛を巡る思い出が多い日だろうが、僕にとっては全く別の意味を持つ忘れられない日となった。ハンターとしてイエローカードを突きつけられ、頭の中が真っ白になった。人間としての浅はかさを思い知り、心から自分の行いを悔いた。そして、本気で死ぬかと思った。あれは山の神様から受けた、天罰だった。

＊

狩猟を始めて3年。毎週末のように山に通っていた僕は、その日も一人で鹿を追っていた。少しずつ経験値は上がっていたが、仕留めた鹿の数は、最初の猟期に10頭、2年目に9頭。3回目のその猟期は、3月に入った時点で5頭と、どんどん減っていた。実は最初の2

シーズンは先輩方の車に乗せてもらうことも多く、自分で鹿を獲るというよりは彼らの力に縋って獲らせてもらっているような状態だった。はじめはそれでも嬉しかったが、徐々に納得がいかなくなり、3年目からは一人だけで歩く機会を大きく増やした。結果、捕獲数は減少してしまった。自分の技術の未熟さゆえ、仕方がないことではある。ところが、僕が所属する狩猟同好会のメンバーは、もっとたくさん獲っているという情報が耳に入ってくる。比べるものではないと自らを戒めても、頭数に拘泥《こうでい》する意識を拭《ぬぐ》いきれていないのも確かだった。猟期は残り2週間ほど。この日は、なんとしても仕留めたいと思っていた。

地面を覆う雪のコンディションは、全く良いとは言えなかった。表面の薄い層だけが、昨晩の寒風にさらされて硬く凍り、その下には柔らかい雪の層が積み重なっている。この状態を、もなか雪と呼ぶ人もいる。外はパリパリ、中はふっくら。なるほど、うまい表現だ。表層はある程度の荷重がかかるまでは体を支えてくれるが、前に進もうと片足を上げ、もう一方の足に全体重がかかった瞬間に崩れてしまう。ズボッと膝下まで雪に突き刺さる。そこから足を引き抜くのも容易いことではない。一歩一歩がまさに苦行。しかも、何キロにもわたって続くのだ。今日の猟は体力勝負になるぞ、と覚悟を決める。少しでも足が沈まないように、スノーシューと呼ばれる外国製のカンジキを履き、夜明けと共に歩き出した。

まずは、開けた林道を使って山の奥を目指す。えっちらおっちらと1時間以上歩くが、鹿は1頭も見当たらない。普通に歩くだけでも難儀な、もなか雪。できるだけ林道から近く、撃った後に持ち帰りやすい場所で獲りたいと思っていた。でも考えが甘かった。今日は、アプローチが容易な平地に鹿はいないようだ。なぜか。

実は、鹿は深い雪を嫌う。理由は蹄《ひづめ》にある。先端が尖っているので、地面が柔らかいと刺さってしまい、歩きにくいのだ。平らな場所にたっぷりと降り積もった雪は、彼らにとっては深すぎるのかもしれない。一方、斜面には雪が溜まりにくい。鹿はそちらにいるのではないだろうか。

意を決し、林道を外れて険しい尾根に入った。こうなるとスノーシューはもう邪魔だ。脱いだスノーシューを背負子《しょいこ》にくくり付け、今度は金属の爪が何本も突き出しているアイゼンを装着する。勾配がきつくなると、これがないと話にならない。爪を蹴り込みながら急斜面を登る。あっという間に心拍数が上がり、肩で息をするようになる。しかし案の定、風で雪が飛ばされやすい稜線にはたくさんの鹿の足跡がついていた。それを追いかける。たまに足跡は稜線から外れ、なぜか深い雪の中に入ることもある。不可解な行動を無視して、歩きやすい尾根筋を辿ってゆくと、大きな倒木に進路を遮《さえぎ》られたり、崖が崩れていたりで、結局は引き返さざるを得ない。山の歩き方は全て、地形を知り尽くした動物たちが教えてくれる。そして、その足跡の先には必ず彼ら自身がいるはずだ。

しかしながら、ターゲットに追い付くのは簡単ではない。鹿は人間より耳も鼻もいい。目はそれほど良くないと言う人もいるが、僅かな動きを察知する能力では全く敵わない。鹿に勘付かれないよう、木や岩の陰に身を隠しながら慎重に進むが、何百メートル離れていようと、僕が木の陰から顔を出した瞬間に猛然と走り去ってしまう。一旦安全な距離まで逃げると、あとは一定の間隔を保ちながら、僕と同じ速度で移動してゆくだけ。こうなってしまうと、どれだけ歩こうが、もう追い付けはしない。人間のほうが圧倒的に不利な状況で行われる隠れん坊。鬼はむしろ鹿のほうだ。彼らに一旦見つかってしまったが最後、一瞬でゲームオーバーだ。

だから、獲物の行動を読んで先回りしたり、相手の思いもよらない方向から接近したりするのは、狩猟に欠かせない基本のキだ。原理は極めてシンプル。正しい場所に、正しい時間にいられれば遭遇できる。ただそれだけのことだ。X・Y・Z、3次元の座標。プラス、時間軸の4次元。分解してみれば、理論的に要素は4つしかない。ところが、ここに天候や植物の生育状況に、鹿自身の気分など、様々な因子が複雑且つ流動的に絡み合うから厄介だ。

正しい場所と時間に到達するため、まずは、正しかった場所と、正しかった時間から推理を組み立ててみる。

正しかった場所。これは簡単だ。足跡、フン、食痕。獲物がピンポイントでそこにいたという確固たる証拠だ。ならば、何の植物を食べているのか。それはどこに生えているのか。結論として今、足跡はどこに向かおうとしているのかを突き詰めてゆく。

正しかった時間。これは相当に難しい。鹿はどのくらい前にその場所にいたのだろう。ついさっきなのか、半日前なのか。足跡であれば、風や日光によってどれだけ崩されているか、また、上に降り積もった雪や落ち葉の量を見る。食痕であれば、断面の乾燥具合、フンであれば硬化の程度などを観察する。冬のエゾシカのフンは黒い長円形の粒状で、一度にいくつもがパラパラと落とされる。一見、同じように雪の上に転がっていたとしても、つついてみてコロコロと転がれば新しい。逆に、雪に張り付いて動かなければ、凍るだけの時間経過を示唆《しさ》する。ただし、気象条件は一定ではない。新しい足跡があっという間に強風で消えてしまうこともあれば、天候が安定している場合は1週間前のものがくっきりと残っていることもある。フンも、凍ったり溶けたりを繰り返す。

この4次元パズルをひたすら解いてゆく行為が、狩猟だとも言える。平面上のX・Y軸を辿るのは、地図を俯瞰して見ているようなものだ。座標が変化すれば、草地だったり、川だったり、森だったりと、環境が変わる。鹿はそれぞれの環境を使い分けて暮らしている。敢えて単純化すると、草地＝食事、川＝水飲み、森＝休憩、といったところだ。Z軸は標高。

獲物を仕留めるには〝正しい場所と時間〟にいなければならない。原理はシンプルだが、実践は難しい

X・Y軸と同義な部分もあるが、時間軸とより密接に関係している気がする。鹿は本来、夜行性ではなく、昼でも夜でも活動して寝たい時に寝る動物だそうだ。しかし、ハンターの圧力がかかっている場所では、どんどん夜行性に傾いてゆく。法律により、発砲していいのは日の出から日の入りまでと定められていて、日中に出歩けば弾を喰らう危険性があるからだ。だから、夕方から明け方にかけて山を降り、草地で食事をして川で水を飲む。ハンターにとっては、鹿が動いているほうが見つけやすい。だから、日の出直後と日没直前が、最も獲りやすいタイミングだ。

ところが、その時間帯に鹿がどれだけ活発に動くかは日によって異なる。例えば大きな影響を与えるのが、それまでの気象だ。日の出が朝6時だったとしよう。猛烈な低気圧が通過したばかりの6時と、晴れて暖かい日々が続いたあとの6時では、鹿にとって全く違う意味を持つ。更に、風の向きと強さ、雲の厚さ、朝霧の有無など、変動要素は枚挙にいとまがない。毎日決まって、時計の針が文字盤の6の数字に重なる瞬間が訪れようとも、実際には同じ6時など存在しない。日々変わる「朝6時」をどう解釈するか。それがハンターの力量である。

ひとしきり草を食べて水を飲んだ鹿たちは、日が高く上がると共に標高の高い森や稜線に登り、体を休める。朝一番で鹿を獲ることができなかったら、今度は物陰に隠れて横たわる鹿を探さなくてはならない。

鹿には、寝屋《ねや》と呼ばれるお気に入りの休憩場所がある。鹿の胴体のサイズで楕円形に雪が解けているので見ればすぐに分かる。雪が解けるということは毛皮も濡れているはずだ。そんな状態で雪面に腹這いになって眠り、なぜ凍死しないのだろう。僕には想像もできないが、実際に鹿たちは平気でゴロゴロと雪の上に寝そべっている。そうやって休む時、彼らは標高の高い場所から広く眼下を見渡せるポイントを好む。接近する天敵をいち早く察知するためだ。そういう意味では、山頂や稜線が最も都合がいい。だからといって必ず鹿がそこで寝ているとは限らない。寝屋はいくつもあり、どの寝屋を使うかは日々変わる。それを決める最大の要因は風だ。

鹿は、雪よりも風を嫌がる。意外に思う人も多いようだが、自分で山を歩けば体で理解できる。しんしんと降る雪に体温を大きく奪われることはない。ところが風が吹き始めた途端、体感温度は一気に低下する。手足は凍《こご》え、風の勢いが増せば目も開けられない。そして山には頻繁に風が吹く。敵を見つけやすい見晴らしの良いポイントは、言い方を変えれば吹き晒しの場所で、風をまともに喰らってしまう。だから鹿たちは、そこから一段だけ下がった風下の窪みなどを寝屋に使うことが多い。西風が吹いていれば、東側の斜面で風を避ける。風向きが東に変われば、稜線を横切って西側の寝屋に移動する。

日中の狩りは、こうした寝屋の場所をどれだけ多く知っているかが勝負の分かれ目となる。まずは、当日の天候や風向きにより、どの寝屋を使っているかを読む。続いて、そのポイントまで鹿に見つからずに近付くルートを考える。基本セオリーは、風下から接近すること。自分の立てる音や匂いが気付かれにくいからだ。向かい風や逆風と聞くと、人生ではマイナス要素に捉えられがちだが、こと狩猟に於いては好機そのものだ。また、たとえ風下からのアプローチであっても、寝屋から一望できる斜面を下から真っ直ぐに登っていってはすぐに逃げられてしまう。尾根筋の反対側から回り込んで奇襲をかけるなど、鹿の裏をかく工夫が必要だ。

だがこうした読みがピシャリと当たることは少ない。「今日は確実にあの寝屋にいるに違いない」と考え、絶対に見つからないと思われるルートを苦心惨憺《さんたん》して辿り、理想的なポジションから覗き込む。結果、そこに鹿は1頭もいなかった、といった事態は日常茶飯事だ。いたとしても地面に寝そべっている鹿はとても見つけ辛いし、障害物が邪魔で撃てないことも多々ある。それでも、場数を踏むと共に確度は少しずつ上がってゆく。

11時。鹿の動きが最も鈍くなる昼時が近付いてきた。そろそろ殆どの鹿が寝た頃か。しかしその尾根筋を歩くのは初めてで、寝屋の場所は分からない。どうしたものかと思案を巡らせていると、向かいの稜線にいきなり数頭の群れが出た。一気に気持ちが高揚する。興奮に震える手で銃に弾を込める。僕の動きが無駄に大きかったのか、焦って薬室を閉めた時の装《そう》塡《てん》音が響いてしまったのか。群れは逃げ去った。軽々と飛び跳ねながら遠ざかる鹿の尻を、やっぱり今日もダメだったかと肩を落として見送る。

ところが僕の落胆をよそに、その後も鹿は断続的に出続けた。下手に動いては気付かれる。高速道路を飛ばし、長距離を歩き、厳しい稜線を登ってきた。苦労が水の泡となるのはごめんだ。汗が冷え始め、寒くてたまらない。それでも息を凝らしたまま、撃てる鹿が現れるのをじっと待った。

すると今度は、2つ向こうの稜線に3頭の鹿が姿を現した。銃に据え付けられている、スコープと呼ばれる単眼鏡の倍率を、最大の9倍に上げて見てみる。立派な雄だ。幸い僕には気付いていない。距離計で測ると150メートル弱。それまで僕が当てたことのない距離だ。でもどうしても獲りたい。一番大きな雄をターゲットと決めた。時間をかけて体と銃を固定し、改めてスコープを覗く。的は小さい。本当に当てられるのか。

銃弾は真っ直ぐに飛んでいくイメージを持つ人も多いと思うが、実際は放物線を描く。僕の銃は、100メートルの距離で、ちょうど標的の真ん中に着弾するように調整してある。50メートルなら、5センチ弱上に当たる。遠ければ遠いほど弾の勢いは弱まり、どんどん落ちてしまう。150メートルであれば、狙った一点から下に20センチ以上の誤差が生じるはずだ。

鹿の肩の、ほんの少し上に狙いを定める。心臓に当てるためだ。落ち着いて息を吸い、ゆっくりと半分吐いたあたりで止める。そして静かに引き金を引いた。強烈な反動で視界が大きくブレる。再びスコープを覗いた時には、鹿の姿は消えていた。僕の弾は、果たして当たったのだろうか……。

直線的に、雄鹿が立っていた場所を目指す。再びアイゼンからスノーシューに履き替える。稜線上に踏み固められた獣道から外れ、斜面を横伝いに移動してゆく。

すると、思いもかけないことが起こった。目の前の笹藪から、次々に鹿が飛び出てきたのだ。豈《あに》図《はか》らんや、僕が身を潜めていた場所の、すぐそばが鹿の寝屋だったとは。発砲音で目を覚ました後に息を潜めていたが、僕があまりに接近してきたのに耐えられなくなり、走り出したのだろう。雄を先頭に5、6頭が凄まじい勢いで坂を駆け下りてゆく。最後尾は雌だった。その1頭が、なぜか急に立ち止まった。距離は20メートルほど。完全に射程圏内だ。

再び弾を装填しながら、銃を構える。しかし、ちょっと待てよ、と思う。さっき撃った大きな雄を万が一にでも仕留めていたら、この雌を撃ってはならない。こんな山奥から2頭分もの肉を全部下ろすのは、とても無理だからだ。撃つのは食べるため、というのは僕にとっての絶対条件。そうでなければ単に殺すだけだ。決して許されることではない。まずは、大きな雄が倒れていないかを確かめに行く必要がある。次の鹿を撃つとしたら、最初の弾が当たっていなかったのを確認してからだ。撃ちたいという衝動を必死に抑え込み、銃を下ろす。悔しくてたまらない。引き金を引きさえすれば確実に獲れる。ところが、こんな時に限って、鹿は走り出すことをしない。なんたる皮肉。

「逃げなよ」と声をかけた。ところがどうしたことか。鹿は直立不動のままだ。こんな経験は初めてだ。まさか、と思う。彼女は、僕に命を差し出しに来たとでもいうのか。

ユーコン先住民の考え方では、ハンターが正しいやり方で動物たちのスピリットに接していれば、彼らは自分のほうから身を差し出し、人間に肉を授けてくれるという。あまりに人間に都合の良い解釈だ、との見方もあるかもしれない。しかし実際に、山ではたまに理解の域を超えた面妖《めんよう》なことが起きる。今この瞬間がまさにそうだ。そうした出来事をもたらす源を、僕は自分で「山神《やまがみ》」と呼んでいた。この鹿は、獲れなくてもひたすら猟場に通い続けた僕への、山神からの贈りものではないだろうか。

さっきよりも大声で、もう一度呼びかけてみる。それでも、雌鹿はじっと僕を見つめて動かない。やっぱりそうに違いない。僕は肚《はら》を決めた。鹿よ、山神よ、ありがとう。心の中で呟きながら撃ち、雌鹿はその場に倒れた。

すぐに、首の付け根から胸の奥に向けて、止め刺しのナイフを入れる。できるだけ血を抜くことにより、臭みのない美味しい肉に仕上がる。差し当たっての処置は済んだ。当初の目的に立ち戻り、あの大きな雄に弾が当たっていないかを見に行かなくては。

谷をもう一つ渡り、奥に延びている稜線を目指す。近付くにつれ、雪の上に赤い色をした何かが見える気がした。双眼鏡で覗いてみたが、木々に隠れてよく見えない。急坂を、笹を摑んでなんとか登り切った瞬間。眼前には、堂々とした雄鹿が横たわっていた。僕の初弾は見事にターゲットを射抜いていたのだ。信じられない。思わず快哉《かいさい》を叫んだ。

今までで一番距離の遠い鹿に弾を当てた。おまけに、1日に2頭も仕留めることができた。今シーズンの猟の成果が、5頭から一気に7頭に増えた。早く山を降り、同好会のメンバーに報告したい。皆驚くに違いない。思わず顔がにやける。

そのとき僕は、ようやく我に返った。運搬の問題があったではないか。雄鹿1頭分の肉を背負うだけでもギリギリだ。どう考えても2頭全ての肉を運ぶことはできない。ならば、精一杯背負える分だけを持ち帰ろうと決めた。そして解体の準備を始めた。

猟法と同じく解体も、ハンターの数だけやり方があるほどに多様だ。僕はいつも、吊り解体と呼ばれる手法をとる。登山用のロープやプーリーを組み合わせ、高い木の枝を利用して鹿を丸ごと吊るし上げる。皮を綺麗に剥ぐことができるので肉に毛が付きくいし、血の抜けも良い。肉の品質に大きな差が出ると僕は感じている。しかしこのやり方はとても時間がかかる。しかも今日は2頭分を解体しないといけない。車までの距離は4キロほどか。急がねば。そこで僕は、普段は滅多にやらない、鹿を寝かせた状態で解体する手法をとることにした。背中の皮にナイフを入れて背筋の一部であるロースを切り出す。そして、後脚だけを取り外す。鹿肉の中で最も人気のあるロースとモモだけをとり、あとは丁寧に埋めた。罪悪感がなかったわけではない。でもこれ以外に方法はない。仕方がないんだと、懸命に自分に言い聞かせていた。

大きな雄鹿の場合、2本のロースと2本の後脚だけでも相当な重さになる。それを背負って2頭目に撃った雌のところに戻る。一旦荷物を下ろし、大きく息をつく。そしてその雌を、先ほどと同様に背開きにしてロースとモモだけをとる。可食部分がたくさん残った体を「ごめんなさい、ごめんなさい……」と唱えながら、またしても雪に埋めた。

4本の後脚と4本のロース。全てを背負子にくくりつけると、そのままでは全く立ち上がれなかった。木の根元に背負子を裏返して置き、自分も仰向けになってショルダーベルトに腕を通す。ジタバタともがき、腹を上にした亀が起き上がるように苦労して体を回転させ、うつ伏せの体勢になる。両手で幹にしがみつき、徐々に体を起こす。ようやく立ち上がることができた。肩に、腰に、凄まじい重さが食い込む。ヨロヨロと歩き出す。帰路は長いがまだ時間はある。休み休みでも少しずつ歩いて行けば、車まで辿り着けるはずだ。その時に感じるであろう、充実感と達成感を思い浮かべる。突き上げるような喜びが体中を駆け巡る。

ただでさえ足が沈む深い雪。大量の肉によって体重は一気に数十キロ増え、スノーシューを履いていても一歩一歩が深く埋まる。無理矢理引き抜き、足を踏み出す。目が眩みそうになる重労働だ。険しい稜線に出ると、また別の苦労がある。足場が悪い中で重たい荷物を背負っているので、バランスを取るのが難しいのだ。もし転んでしまえば簡単には起き上がれない。地面に仰向けになって荷物を背負い直すところから始めなくてはならず、無駄に体力を消耗するしタイムロスも甚だしい。絶対に転ばないぞ、と思いながら覚束《おぼつか》ない足取りで歩いていると、大きく体勢を崩してしまった。反射的に右足を斜め前に出し、思い切り踏ん張ったそのとき。事件は起きた。

「バチン」――。

嫌な音がして、僕は膝から崩れ落ちた。右のふくらはぎに猛烈な痛みを感じる。ひどい肉離れ。筋肉の一部が負荷に耐えられず断裂したのだ。生まれて初めての体験で、どれだけ重傷なのかは見当もつかない。それでも、相当に危機的な状況に追い込まれたことだけは理解していた。

パニックに陥った自分を必死になだめる。まだ死ぬわけにはいかない。何としても生きて帰らねば。雪の上を何キロ這ってでも……。まずは荷物を軽くする必要がある。命には代えられないと、せっかく獲った2頭分の肉を全部捨てた。怪我をした直後は、まだ患部は動く。爪先の上げ下げは殆どできないが、右足全体が動かないわけではない。ここで無理をすれば傷が悪化して後遺症が残るかもしれない。しかしこの際、そんなことは気にしていられない。僕は、銃口を上にした銃を杖のようについて起き上がった。右足に体重がかかると凄まじい痛みが走るが、なんとか移動を開始した。

途中、奇跡的に携帯電話のアンテナマークが1本だけ立つ。狩猟同好会のSNSグループに、窮状の簡単な説明とGPSの位置データを発信する。再び歩き始めると、携帯はすぐに圏外になってしまった。急峻な稜線を、右足を引きずりながら下ってゆく。こまめに休憩を挟んではいるものの、左足はもうパンパンで疲労は限界に達している。最大の恐怖は、残された左足にも肉離れが起きることだった。「両足ともやっちまったら、さすがに死ぬんだろうな」と思った。カチコチに凍って倒れている自分の姿が頭をよぎるたびに、そのイメージを強引に振り払う。気が遠くなるほど辛く、無限とも思える長い時間。でも、諦めたら終わりだ。大丈夫、きっとできる。懸命に心を奮い立たせながら、ジリジリと進む。

そして、僕自身の生死を見つめると同時にずっと考えていたのは、無駄にしてしまった二つの命についてだった。

僕は彼らに対し、なんと失礼なことをしてしまったのだろう。1頭目への着弾をきちんと確認する前に2頭目を撃った。可食部全ての肉をとらず、多くを残した。挙句の果てに、持ち帰ろうとしていた肉さえ全部捨てる羽目になった。

極め付きは、罪悪感と後ろめたさを自覚していたくせに、そこから意図的に目を逸らしていたことだ。鹿たちに対し許されざる行為をしておきながら、今日の出来事を友人にどう自慢しようかなどと、浮かれたことばかりを考えていた。いそいそと山を降りる僕の表情は、どれだけ醜かったことだろう。そのホクホク顔は、真のハンターとはほど遠い、単なる殺戮者のものだったはずだ。あの2頭は何のために僕に殺されたんだ。この世に生き残るべきは、僕でなく彼らのほうだったんだ——。

未熟な考えと行いを、ひたすら悔いる。それでも、命に対する執着は捨てられない。絶対に山を降りる。生きて帰る。何がなんでも、やり遂げる。

遂に最も厳しい部分を乗り切り、林道に出ることができた。しかし車まではまだまだ距離がある。安心はできない。疲れ果てた体を引きずり、青息吐息のままに歩き続ける。太陽がどんどん落ちて、日没直前。僕が発したSOSに気付いた狩猟同好会のメンバーが橇を引いて現れた時の光景は、今でもくっきりと目に浮かぶ。全部の荷物を彼の橇に乗せてもらい、ストックも貸してもらって最後の2キロを歩き切った。そしてその後の1ヶ月、車椅子と松葉杖の生活を送った。

山神からの、途轍もなく意地悪な引っ掛け問題。突然現れた雌鹿には「逃げなよ」ときちんと言った。きっとそこまでは正解だったはずだ。ところが山神の吟味は続いていた。念のためにもう一度声をかけたのに、立ち去ろうとしなかった。それでもやはり、僕は撃ってはならなかったのだ。

苦労の末、ようやく目の前に鹿が現れれば、当然誰もが撃ちたいと思うだろう。そして銃弾は、人差し指にほんの少し力を入れるだけでいとも簡単に放たれる。引き金は軽くても、責任は限りなく重い。溢れる猟欲を自制心で抑え込むのは至難の業《わざ》だ。しかしそれができない者に、ハンターを名乗る資格はない。

生死の境を彷徨《さまよ》った末、僕の心に深く刻みつけられたことがある。それは、狩猟で最も難しいのは、撃つことではなく、撃たないことなのだ、という教えだった。

そして不思議にも山神は、僕があるまじき行いをしたにもかかわらず、命を奪うことまではしなかった。それが山神の寛大さなのか、或いはもっと深い意図があるのか。足りない頭でいくら考えても分からない。しかし、命に対して礼を欠くようなことは決してしてはならぬという、肚の底まで落とし込まれた教訓を、僕は今でもことあるごとに思い出す。考える。味わう。まるで鹿が一度飲み込んだ硬い葉を何度も口に戻して嚙み直すように、反芻《はんすう》を続けているのだ。

泣いた鳥

息を吸い続けることはできず、いつかは吐かなくてはならない。単独忍び猟に没頭し、喜びも悔しさも独り占めにしながら、自分が貪欲に吸収することだけに力を注いできた僕だったが、猟期4年目あたりからは意識が変わってきた。この学びを僕だけのものにしておくのはもったいない。なんとか他の人とも分かち合いたい、という思いに駆られるようになっていったのだ。

ハンターと、そうでない人たちの間には、ある決定的な違いがある。自分が食べる肉が生きていた時の姿を知っているかどうかだ。動物たちの強さや美しさをリアルに知った上で、彼らの命を自らに宿す。その意義深さや、どれだけ覚悟がいるのかを、五感の全てを使って感じ取る。そうした意識は、ハンターでない人たちにも本当は必要なのではないかと、僕は思っていた。

学校教育の場でも、食育の重要性が叫ばれて久しい。健全な食生活を送るための知識全般。「いただきます」という言葉に込められた意味。毎日の食事は生きものの命をいただいていることであり、その由来に思いを馳せると共に、感謝の念を新たにするということ。僕も小学生の時、近所で乳牛を飼っていた農家を授業で見学させてもらった思い出がある。仄《ほの》暗《ぐら》い牛舎に数頭の牛が並び、ハエかアブかを撃退しようと尻尾を勢いよく振っていた。パンパンに張った雌牛の乳房を間近で見て、牛乳ってここから出てきたのか、と妙に感動したのを覚えている。

例えば、食卓に上がる牛肉について深く知ろうと思ったら、牧場を訪ね、屠畜場を見学し、流通についても勉強しないといけないだろう。でも狩猟であれば、自分が当事者として全過程に触れられる。また、なにも自らがハンターにならずとも、狩猟に同行できれば肉を食べるという行為の裏側にあるものを垣間見ることができる。一回でもそうした体験があれば、後々の人生は変わるだろう。食育を一歩進めた、猟育だ。実際、僕自身がユーコンに通い始めた理由も、食べること、つまりは生命を維持する所業の原点を見つめ直したいと思ったからだ。もし同じように考えている人がいたとしたら、彼らの要望に応えるのは僕の役目なのではないか。

ふと心に浮かんだのは、しっかりと他者のメッセージに耳を傾けた上で、順番が回ってきたら覚悟と信念をもって語らなくてはならないとするトーキングスティックの教えだった。キースと山を歩きながら、また僕自身が狩猟をする中で野生動物から受け取ってきたかけがえのない教えは、大切に胸の内に仕舞ってある。もしかすると僕は、見えないトーキングスティックを彼らから託されているのではないだろうか。今こそ、大切な教えを語り継ぐべきなのではないか。

そう思い至った僕は、相談があれば狩猟免許を持っていない人たちでも鹿撃ちに連れてゆくようになった。鹿が息を引き取る光景を目の当たりにした時の反応は千差万別だった。涙する人もいれば、ただ呆然と立ちすくむだけの人もいる。鹿を撫でる人、怖がって近寄りもしない人。どんな受け止め方であっても構わないと思った。衝撃的なシーンから目を背けずに、見届ける。そこに、それぞれの人生を投影する。その結果生まれた感情に、正解も不正解もないと感じていた。いずれにせよ、参加した全ての人たちが僕の大切な友人となっているし、山に入って真剣に命を追う体験は、いつだって特別だ。

特に、最初の一人を連れて行った日の出来事は忘れられない。

＊

友人のBとは同い年で、初対面から妙に気が合った。ヨガの女性インストラクターで、仏教への造詣も深い。狩猟とは違う目線で命について深く考えていて、話していると色々な発見がある。そのBが、命を自分で殺《あや》めて食べることの本質を体感してみたいという。ハンター以外で、狩猟に同行させてほしいと頼まれたのは、初めてだった。

まだ夜も明けやらぬうちに集合し、車で出発する。考え方や趣味嗜好が似ているのか、Bも星野道夫に多大なる影響を受けている。夢中になって話し込んでいるうちに、あっという間に猟場に到着した。

早速山に入るが、もちろん自然が相手であり、鹿が獲れる確証はない。僕としては、たとえ残念な結果に終わったとしても、この日がBにとって有意義であってほしいと願っていた。そこで僕は、鹿を追う道筋を彼女に楽しんでもらおうと考えた。まずは、鹿の探し方から解説を始める。縦方向に延びる木々のラインの中に、横長の物体が見えたら疑ってかかるべきであること。白い毛に覆われた尻が目立つこと。1頭いたら必ず周りに何頭もいると思って、入念に目を凝らすこと。

歩き方にも様々な工夫がある。例えば枯れ葉を踏む足音。どんなに注意深く歩を進めても消し去るのは不可能で、静まり返った山に響きわたってしまう。だからせめて、可能な限り自らの足音を鹿のそれに似せるように心掛ける。

まず最も基本的な部分で言うと、人間の足は2本、鹿は4本だ。僕は大概の場合、両手にストックを持っている。急坂を登る時のサポートと、射撃の際に銃を安定させるためだ。だから鹿と同様に4つの支点で体重を支えている。

形状を比べると、鹿の脚の先端はスリムな蹄となっている。歩いても、サクッ、サクッと短く小さな音しかしない。細いストックで落ち葉を突く音は、鹿の足音とあまり変わらない気がする。問題は鹿に比べて圧倒的に面積の広い人間の足裏だ。鹿が落ち葉を踏む時と、音量や音質が全く異なる。自分の足音に注意深く耳を澄ますと、鹿とは大きく違う特徴に気付く。人間はまず踵《かかと》から着地し、土踏まずから母指球《ぼしきゅう》の方に体重が移動してゆく。踵をついた瞬間は、点で落ち葉を踏む音。続いて、体重が母指球に到達するまでミシミシと音量が上がってゆき、最後に軽く爪先が落ち葉を蹴る。この一定の時間経過に加えて音量と音質の変化を併せ持つ足音は、人間に特有だ。鹿にとっては違和感そのものに違いない。どうやって解消したものかと考える。

人間の足裏が、点ではなく面である構造を変えるのは、物理的に不可能だ。なので、できる限り真っ直ぐに地面を踏み、真っ直ぐに足を上げる。1回の足音が立てる時間を短くし、音質の変化も抑える。コツは、狭い歩幅で歩くこと。大股で歩くと、どうしても踵から指先への体重移動が発生してしまう。そして、ズカズカと一定のペースで歩かず、数歩進んでは止まる。周辺を凝視しては耳を澄ませる。曲がり角や尾根に差し掛かった時など、一気に視界が開ける要注意ポイントでは爪先立ちになり、尚且つストックにかける体重を増やす。できるだけ均等な重量が4つの点にかかるようにするためだ。

そうやって山を歩いていると、何だか随分と、自分の足音が鹿に似てきた気がする。果たしてこの工夫によって本当に鹿の耳を誤魔化せているのかは分からない。しかし、あらゆる可能性を考え、兎にも角にもやれることは全部やってみるという心構えは、狩猟の基本スタンスとして正解だと僕は信じている。

僕は、持てる限りの知識を惜しみなくBに伝えていった。キースやF氏がそうしてくれたように。それが僕なりの、彼らへの恩返しでもあった。彼らは僕が初心者だからといって、邪険に扱いはしなかった。狩猟を見てみたい、命と真剣に向き合ってみたい、と言ってくれたBも同じく、僕にとっては部外者の素人ではない。かけがえのない同志だ。獲ろうとするより、知ろうとする姿勢が肝要。試行錯誤を繰り返しながら鹿になりきってゆく過程こそが、狩猟の最大の楽しみのはずだ。

山の上を目指して行けるところまで行き、Uターンして戻ってきた時。林の中にそれらしきものが見えた。暗い木立の中に目を凝らす。トドマツの真っ直ぐな幹から突き出たあの曲線と、僅かに白く見えるのは鹿の尻だろうか。指を差して小声でBに説明するが、全く見えないという。双眼鏡を取り出してもう一度確認すると、間違いなくそれは鹿の下半身だった。上半身は木に隠れている。鹿は多分こちらに気付いており、うまく木に隠れたつもりになっているのだ。文字通り、頭隠して尻隠さず。狩猟でもたまに遭遇するシーンだ。

このままでは下半身しか撃てない。消化器に着弾すると、胃や腸の内容物が腹腔内に広がり、バラやヒレなどの肉が汚れてしまう。僕はスローモーションのような動きで鹿の上半身が見えるポジションを探り、狙いを定めた。林の奥で鹿がもんどり打って倒れる。

小ぶりな鹿だと思いながら撃ったが、近寄ってみると子供の雄だった。痙攣《けいれん》している子鹿の、首の付け根に止め刺しのナイフを入れると、ビェエェと弱々しく鳴いた。意識が、まだ少し残っていたのだ。

右手に持ったナイフを切り返し、顎方向に切り上げると共に、左手で子鹿の目を覆う。優しく撫でる。自分で命を奪っておきながら、苦痛を詫びる。同じ瞬間に全く逆のことをしている僕の両手。右手に握られたナイフは矛、子鹿に目隠しをする左手は盾。まさに矛盾そのものと言えるが、これが狩猟だ。血は綺麗に抜け、命の炎は静かに消えた。

Bは一言も発することなく、一部始終を見守っていた。二人の子供を持つ彼女が、子鹿の死をどのように受け止めていたのか、僕には分からない。しかし、命が食卓に上がるまでに起きている事実の全てを、Bは直視したかったはずだ。そのとき感じたことはすぐに言葉になるようなものではないし、結局ならなかったとしても構わないと思った。

鹿を吊るすための高い枝を探しながら解体の手筈を整える間、彼女と子鹿だけにしておく。それまで命として見ていた鹿を、これから肉として扱わなくてはならない。頭を落とし、皮を剝ぎ、肉片に分けていく作業が待っている。初めて経験するBにとっては、精神的に厳しいはずだ。だからその前に、ほんの少しだけでもBのための時間をおいてあげたい。

僕はわざとゆっくり準備を進めた。

様子を見て戻り、選んだ木の根元に子鹿を運んだ。淡々と解体を進める。彼女にも色々と手伝ってもらう。しばらく無言だったBとの会話が再開する。それぞれの人の性格にもよるが、いくら鹿の死を悼《いた》んだとしても、解体が進むうちにどこかの時点で彼らの体は食べものに見えてくる。命を奪った罪悪感が抱えきれない時には、肉を美味しくすることだけに集中するのがいい。

最後に気管を取り出す。祈りの方法と意味合いを説明していると、Bの目から大粒の涙が溢れ始めた。僕が大切に守っている教えに共感してくれている。嬉しかった。気持ち良く風が吹き抜けそうな枝を探して子鹿の気管をかける儀式はB一人に任せることにした。彼女はそれにとても長い時間をかけた。きっと、あの子とたくさん語り合っていたのだろう。戻ってきたBの目は、赤く腫《は》れていた。

全てが終わり、時間はちょうど昼前。早朝からここまで何も食べていない。腹が鳴る。目の前には、捌いたばかりの肉。

「これ、食べる?」と聞くと、Bは面食らった顔のままで慌てて頷いた。

幸い天気は良く、風もない。焚き火には絶好のコンディションだった。まずは薪を拾う。太い木を並べた床を作り、火が地面を焦がさないようにする。白樺の樹皮をとってきて上に敷き、細い枯れ枝を積む。中にほぐした麻紐を突っ込む。メタルマッチで火花を散らすと、一気に炎が上がり、Bが小さな歓声を上げる。太めの笹を何本か切り、先端をナイフで尖らせる。即席の焼き串が完成した。一頭から少ししか取れない柔らかなヒレ肉に串を打つ。焚き火にかざす。食欲をそそる香ばしい匂いが立ち込める。こんがりと焼き上がったローストにかぶりつく。べらぼうに旨い。山中で肉を焼くとは想定していなかったため塩も持ってきていない。しかし、そんなことは大した問題ではない。労働による空腹、という至高のスパイスが、旨味を極限にまで引き立てている。隣のBはというと、肉をなかなか嚙み切れず、必死の形相《ぎょうそう》で悪戦苦闘している。その様子を微笑ましく見守っている僕に、彼女が気付いた。目が合う。同時に吹き出した。

「今泣いた烏《からす》がもう笑う」——感情の移り変わりが激しい小さな子供に使われることが多いこの言葉は、狩猟の場にもしっくりくる。命を殺める辛さと、それを自分のものとする喜びの混在。様々な想いが目まぐるしく交錯する。本気で悲しいが、いつまでも涙を流し続けてはいられない。本気で嬉しいが、ずっと笑い続けるわけにもいかない。心のままに、泣いて、笑って。それでいいのだ。

不思議なことが起きた。

肉を食べ終えた僕らは「ありがとうございました」と声を合わせた。その瞬間、強い風が吹き出したのだ。木立の枝に積もっていた雪が飛ばされる。木々の中には、子鹿の気管をかけたトドマツもある。透明な雪の結晶が日光に煌《きら》めきながら舞い、世界が輝きのベールに包まれた。思わず、Bと顔を見合わせる。

そしてまた、泣いた。

言葉なき対話

―殺された子鹿を救う―

僕が希望者を狩猟に連れて行っている噂は仲間内で広まり、同行させてほしいという依頼が徐々に増えていった。

ある日、僕と二人で山に入ったのはプロカメラマンのHだった。Hはバスケットボールやサッカーなど、色々なスポーツの写真を専門に撮っている。彼と僕は、札幌市内のとあるダイニングバーの常連客で、店のマスターはお互いの親友でもあった。ある日、マスターが「ミキオさんの狩猟を撮影したいと言っているカメラマンがいる」と紹介してくれたのがHだった。マスターから僕の狩猟の話を聞かされているうちに興味を持ったらしい。一度も狩猟を体験したことがないHだが、撃たれる直前の鹿と、鹿を撃つ瞬間の僕、つまりは食うも

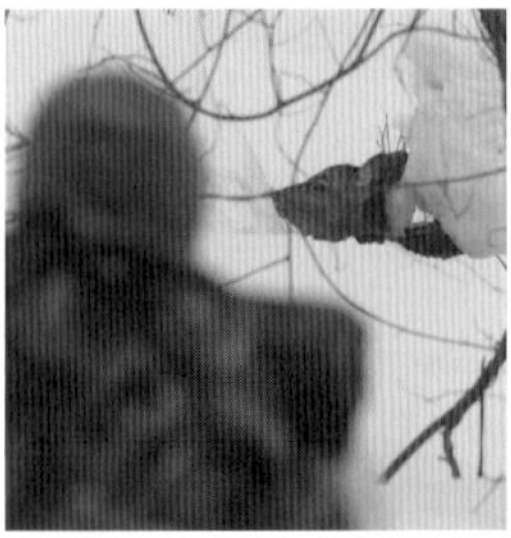

のと食われるものの2枚の写真を一度に撮りたいという。とんでもないアイディアを思いついたものだ。

ただでさえ狩猟の現場で鹿を撮影するのは難しいと思われる。大抵の場合、彼らが逃げてゆく姿を見て初めて、そこにいたことを知るくらいだ。首尾よく見つけられたとしても距離は遠い。僕のほうだって、鹿を発見した途端に弾を込めて狙いを定め、数秒後には発砲してしまう。どう考えても、鹿を仕留めるより、撃たれる鹿と撃つ僕の2枚の写真を一緒に撮るほうが難しい。現実的には、ほぼ無理だと思われる。しかし決定的一瞬を捉えるのを生業としているスポーツカメラマンのことだ。驚異的な集中力が奇跡を起こさないとも限らない。

筋書きのない、狩猟というドラマ。山中深くでの出来事は、当事者以外には知り得ない。ハンター自身が語らない限り、獲物の命と共に葬り去られてしまう。自分が撃った後の鹿は、記録用に何枚も写真を撮ってきた。でも撃たれる直前、彼らが生きている最後の瞬間を撮影したことはない。当然だ。その時に僕が構えているのは、カメラではなく銃なのだから。大概の場合、鹿は撃たれる前にはこちらに気付いている。だからスコープを覗くと、いつも目が合う。彼らの譬《たと》えようもない不思議な面持ちは、僕の網膜だけに焼き付けられているもので、他の人たちが見ることは能《あた》わない。もし本当にそれを撮影できるのなら、是非お願いしたい。無謀とも言えるHの依頼を僕は快諾した。

早朝。二人で眠い目をこすりながら、夜明けと共に歩き始める。その日は曇りで、鮮烈な朝日が差し込みはしなかった。辺りはぼんやりと明るさを増してゆくだけで、世界はモノトーンで在り続けている。

この山麓に入るのは初めてだった。以前、兎が多いという噂を聞き付けて罠を仕掛ける下見に来たが、結局いくら探しても足跡はなかった。しかし、鹿の痕跡はそれなりにある。ハンターが入っている様子はなく、今回の挑戦にはちょうどいいのではないかと、ここを選んでみた。

地形図を確認しながら最初の尾根筋を登り始める。笹藪を抜けて稜線に出た途端、鹿の白い尻尾を見つけた。頭は木に隠れているが心臓なら撃てる。即座に弾を装塡し銃を構えるが、そこで今日の目的を思い出す。鹿の表情が見えていなくては意味がない。どうしたものかと振り返ると、Hはずっと後ろだ。小さく口笛を吹いて鹿がいる方向を指差すと、慌ててガサゴソと近付いてくる。Hが僕に追いつく直前に走り去る鹿。結局、彼はその姿を見ることすらできなかった。想像していた通りだ。一筋縄ではいかない。Hは狩猟の邪魔をしてはならないという遠慮と、銃を持つ人間のそばを歩く恐怖との両方から、思わず距離を置いていたそうだ。気持ちは分からないでもないが、そんなことでは狙い通りの写真は撮れるはずがない。気合を入れ直し、すぐ後ろを付いてきてもらうようにお願いした。

更に歩いていると、突然、山の奥の方から発砲音が聞こえた。我々に先行して、このエリアに入っているハンターがいたのだ。これは要注意だ。事故のないようにお互いに気をつけなくてはならないが、多分先方は抜き足差し足で木々に身を隠しながら進んでいる僕たちの存在には気付いていない。今日は、僕自身の安全だけでなく、Hの安全も確保する必要がある。気を引き締め、細心の注意を払いながら進む。

不意に、眼下に木の生えていない白い筋が見えた。よく見ると車の轍《わだち》も付いている。こんな山奥に林道が走っていたのだ。しばらくして道に出た。轍はタイヤ幅が広い立派な車のものだった。大型の国産四輪駆動車か、外車かもしれない。銃声はこの車に乗った流し猟のハンターによるものだったのだろうと思った。

そのまましばらく林道を歩いていると、大きなカーブを曲がったところで向かい側の斜面から2羽のカラスが飛び立った。鹿を見つけるのには鳥の観察も役に立つ。特に好奇心旺盛なカラスの行動は見逃せない。地面に降りて何をしていたのだろうと双眼鏡を覗く。すると木の根元に柔らかい毛の質感を持つ茶色い体が見えた。鹿だ。全く動く様子はない。死んでいる。カラスがまだ2羽しかついていなかったということは、命を落としてからそんなに時間は経っていないはずだ。だとすると、先ほど銃声が響いた時に撃たれた鹿だろうか。しかし解体しているハンターはおらず、車もない。一体どういうことなのだろう。

沢を越えて見に行く。すると倒れていたのは、まだ1歳にもならない雄の子鹿だった。その姿を目の当たりにした瞬間、僕は怒りに震えた。横腹にスプレー塗料で書かれた数字、

「1・15」。その日の日付だ。不自然な赤色が毒々しく目に映る。肉には一切、手がつけられていないが、尻尾だけが切り取られている。この鹿を撃ったハンターは、有害駆除の補助金を申請しようと日付を記した死体の写真を撮り、捕獲の証拠として提出が義務付けられている尻尾だけを回収したのだ。法律では、撃ったあとの鹿の体は基本的に全て持ち帰ることが義務付けられている。忍び猟などで現実的にそれが難しい場合は、適切に埋設処理をする必要がある。死体を放置したままなのは、明らかに法に抵触した行為だ。数千円の補助金のために、乱雑に奪われた命。たった数ヶ月の生涯がこんな形で終わりを迎えるとは……。「1・15」という赤い文字は、命を冒瀆《ぼうとく》する落書きにしか見えなかった。

時にこうした嘆かわしい事態が起きるものの、野生動物の有害駆除は、今の日本に必要不可欠な活動でもある。エゾシカの生息数は現在70万頭ほどと推定され、実に全体の5分の1に当たる年間14万頭以上が捕獲されている。実はその8割近くが有害駆除によるものだ。狩猟も有害駆除も、狩猟免許を持ったハンターによって行われるが、後者は被害を受けている農家や自治体などの依頼によって実施される。それだけ獲っても、旺盛な繁殖力により、エゾシカの総数は減らない。鹿による北海道の農林業被害総額は、年間45億円。事態を憂い、地域のためを思って立ち上がるハンターも少なくない。農地だけでなく、山林の被害も深刻だ。樹皮を食べられて枯死している木々を見るたびに、僕も鹿の個体数調整が必要だと感じ

「1.15」は有害駆除の補助金申請のために書かれた日付。肉には手が付けられていない

る。草花や昆虫にも、既に影響が出ているという。

命を無駄にしてはならないと、駆除した鹿の肉や皮を有効利用する動きも活発になっている。しかし現時点で、食肉加工所に持ち込まれる個体は、捕獲された全体の3割に満たない。美味しく食べることのできる鹿の大半が、産業廃棄物として、わざわざ費用をかけて焼却処分などに回されている。あの美しい鹿が、産業廃棄物などという不名誉な名前で呼ばれるのは、僕には耐えられない。今は害獣として扱われていても、彼らは僕らと同じ大地に立ち、同じ空気を吸い、同じ時代を生きる仲間であるはずだ。

本来、鹿たちに罪はなく、ただ懸命に生きているだけだ。仮に、生態系の調和を崩すほど増えた生物種は駆除する、という原則論が成り立つとすれば、エゾシカよりも問題視すべき動物は他にいる。全地球上で、１９５０年には25億匹だったその種は凄まじい勢いで増殖を続け、２０００年には60億匹を突破し、２０５０年には１００億匹に迫ると予想されている。更に、自分たちの目先の利益ばかりを追求する彼らは、たくさんの他の生きものを絶滅に追いやり、気候をも大きく変動させてしまった。もはや自分たちが動物の一種であることも忘れてしまったかのように振る舞うその種、つまりはヒトこそが、鹿が駆除されなくてはならない不幸な状況を作り出した張本人だ。果たして、鹿が加害者で人間が被害者だと言えるのだろうか――。

目の前で倒れている子鹿の頭を撫でる。自分たちの都合で、彼の命を奪うに至った生物種の一員として、心の中で謝る。同時に、前の年に僕自身が山に捨てた2頭の鹿の姿が脳裏をよぎった。非常事態だったとはいえ、僕も非道を働いたのだ。決して他人事ではない。色々な思いが頭の中で渦巻く。

不意に、後ろから鼻をすする音が聞こえてきた。振り向くと、Hが静かに泣いている。彼にとっては、不憫《ふびん》なこの子が、狩猟現場で初めて見る鹿だった。心なき行いをすることもあれば、それに対して胸を痛めることもある僕たち。人間という存在は、開き切った子鹿の瞳《どう》孔《こう》に、どう映っているのだろう。僕らは無言のまま彼を見つめる。死者と生者。鹿と人間。

鹿の気管を枝にかける。いつもの儀式を行い、祈りを捧げる

言葉を介さない対話が重ねられる。

この子鹿のために、何かできることはないか。体をさするとまだ温かい。銃声が聞こえたのは15分ほど前。だとしたら間に合うかもしれない――。決めた。この子の肉は、僕が持って帰る。そして食べる。死んでしまってはいるけれど、そこからでもやれることはある。彼の死を、少しでも無駄にしないように力を尽くそう。解体作業に時間を費やしてしまえば、鹿を撃つ瞬間を撮影したいというHの希望には応えられないかもしれない。でも、この子を見捨てるようなハンターにはなりたくない。発砲はしていなくても、これが僕の狩猟だ。Hに説明すると、すぐに賛同してくれた。

美味しい肉に仕上げるためには、解体の前半はスピードが勝負だ。まずは血抜き。

心臓から肺に延びる動脈を狙ってナイフを入れる。しかしあまり血は出ない。肺を貫くように着弾していたので、肺の中に血が流れ出し、既にある程度は血抜きができていたようだ。すぐに木に吊るす。

その後は一転、落ち着いて皮を剝ぎ、ゆっくりと肉をとってゆく。この子鹿はもはや僕の獲物。自分で撃った鹿となんら変わらず、緻密《ちみつ》な作業を心がける。痩せ気味の小さな体ではあったが、作業には1時間以上をかけた。Hは黙々とシャッターを切っている。可能な限り肉を残さないよう、丁寧にナイフを入れる。子鹿の無念を、ゆっくりと骨から剝がしてゆく。それは、解体作業というよりは、鎮魂の儀式に近いものだったように思う。

最後に、いつものように気管を枝にかける。Hが構え続けていたカメラをようやく下ろした。僕らは隣り合って目を瞑《つぶ》り、静かに祈りを捧げた。

―立ち続けた雌鹿―

子鹿の解体を終えた僕とHは、ほっと一息ついた。時間はまだ午前中。さて、これからどうするか。このまま帰るのは少々物足りない。僕はまだ全然疲れていないし、Hは鹿を撮影するどころか、今日はまだ生きた鹿を1頭も見ていない。僕たちがいた斜面の上には、大人の鹿の足跡がいくつか見られた。「あの子の母親かもしれないね」などと話しながら、早めの昼食にありつき、荷造りを済ませた。

子鹿の肉は全部まとめても大した重さにはならなかった。銃弾が肩甲骨から袈裟掛けに入っていたため、前脚1本と両側のバラ肉は損傷が激しい。それらを諦めざるを得なかった結果、重量は全部で20キロにも満たない。これくらいなら大丈夫だろうとHに肉を背負ってもらい、更に奥まで進んでみることにした。

いい森だ。いつ鹿が現れてもおかしくない。集中力のギアを1段上げ、全身の感覚を研ぎ澄ませる。少し歩くとすぐに、体が無意識に止まった。視界の端に捉えた見慣れたシルエット。1頭の雌がこちらを見ていた。距離は１００メートルを切っている。今度はHを呼びも振り返りもしなかった。鹿から目を離さないままに弾を装填。すばやく膝をつき、狙いを定める。

スコープの中に捉えた雌鹿。真っ直ぐに僕を見つめる、彼女の黒い目に吸い込まれそうになる。瞬間的に周囲の音が消え、異次元への扉が開かれる。そして僕と鹿は、他の誰も入り込むことのできない、二人だけの小宇宙に閉じ込められる。その空間が無限の広がりを持つのか、究極に凝縮されたものなのか。重力から解放されているのか、引き込まれていっているのか。一瞬なのか、永遠なのか。何も分からない。ただそこでは、命を置いてゆく者と、それをいただく者の間で、厳《おごそ》かな継承の儀が執り行われる。極度の緊張状態でありながら、逆に完全に心が空になったかのような不思議な気持ち。あ、彼女はきっと本当に、あの子鹿の母親だ、という直感が頭をよぎる。撃たれた我が子から、どうしても遠く離れることができなかったのだと。同時に引き金を引いた。閉ざされた世界の殻を、轟然たる音波が引き裂く。ぐにゃりと曲がり、左右に不規則に振れていた時計の針が元の姿を取り戻し、いつも通りの時を刻み始める。

垂直に跳ね上がり、駆け出す雌鹿。即座に視界から消えてしまう。すぐさま僕も走る。鹿が立っていた場所に到達すると鮮血が散っていた。雪の上の血は追いやすい。落ち着いて丹念に辿ってゆくと、最初の血痕から数百メートル離れた場所で倒れているのを見つけた。完全に事切れている。

手早く血抜きを済ませ、ふと顔を上げた時。僕の目は、横に立つ木の幹に釘付けとなった。地面から数十センチのところに血がベッタリとついているのだ。そこまでは地面にポタポタと垂れていただけの血が、この木には大量になすりつけたようになっている。どうしてだ。足跡、食痕、血痕。全てのフィールドサインから獲物の行動を読み解くのはハンターの常だ。思考回路が自動的に働き始める。

血痕の位置は、ちょうど雌鹿の胸に開いた銃創の高さにあたる。流れ出した血の量は時間の経過を意味している。だとするとしばらくの間、何十秒か、雌鹿はこの木に寄りかかっていたはずだ。数分前の出来事が頭の中で鮮明な映像となって展開される。

右から左へと、胸に弾が貫通した雌鹿。反射的に走り始めた。負った傷が致命傷なのかは、まだ分かっていない。谷を渡り、尾根を超え、追手を振り切るつもりだ。しかし、ほとばしる血は止まらず、肺に入り込む。呼吸がうまくできない。疲れることを知らなかった脚は鉛のように重く、言うことを聞いてくれない。あまりの苦しさに倒れそうになるが、そうなってしまえば二度と立ち上がれないと、彼女は徐々に理解し始めている。よろめいた雌鹿は、思わず目の前の木に身を寄せ掛けた。幹に擦《す》れる胸の傷が激しく痛む。少しだけ休んだら、また走るのだと自分に言い聞かせる。その想いとは裏腹に、脚はもう一歩も前に出ない。それでもまだ、彼女に運命を受け入れるつもりはない。なんとしても生き延びるのだ。朦朧《もうろう》とする意識の中、胸に大きな穴が開き、目から光が消えてゆきながらも、彼女は敢然と立ち続ける――。

畏敬《いけい》の念に打ち震え、気付けば僕は彼女の隣にひざまずいていた。

「あなたはなんて強いんだ」。感嘆しながら頭を垂れる。雌鹿の頭に僕の額が触れた瞬間。何があっても生きることを諦めないという鋼のような彼女の意志が、堤防が決壊したかのように溢れ出し、真っ赤な奔流となって僕の中に流れ込むのを感じた。

この日、2頭目の解体。雌鹿を吊り上げ、内臓を出してゆく。膨らんでいる膀胱の奥に、半透明の袋がある。子宮だ。冬期の雌はほぼ確実に妊娠しており、胎児は成長を続けている。解体していて、最も複雑な気持ちになる瞬間だ。もちろん子宮を開けずに土に埋めることは可能だ。そうしている人たちを非難するつもりはないし、逆にそのほうが命に対して失礼のないやり方だとする意見もあるだろう。でも僕は必ず子宮を開ける。全身がドッと重くなる感情から目を逸らしたまま、命をきちんといただく、などという言葉を口にしてはならないと考えているからだ。

雌鹿の肉は人気が高い。雄鹿よりも柔らかく、風味もマイルドだというのが理由だ。しかし、冬から春にかけて、1頭の雌を撃つことは、二つの命を犠牲にすることに他ならない。もし雌鹿の肉を食べるのなら、是非ともこの事実を肝に銘じ、理解した上で食べていただきたいと僕は思っている。

ゆっくりとナイフを入れる。透明な羊水が溢れ出し、最後にドロリ、と胎児が雪の上に流れ落ちる。頭でっかちで、目はまだ開いていない。妙に細くて華奢《きゃしゃ》な四肢の先には、白いマニキュアを塗ったような小さな蹄がついている。これも一つの完結した命。暗く温かな宙に浮かび、この世に送り出されるのを静かに待っていたのだ。幼い子鹿は本当に可愛いもので、何の理由もなくはしゃぎだす。勢いよくダッシュを繰り返したかと思うと、母親の周りをピョンピョンと飛び跳ねる。見ているだけで無意識に顔がほころぶ。この子も本当はそうなったはずで、その運命を絶ったのは、他でもない僕自身だ。

雪から胎児を拾い上げ、掌《てのひら》に乗せる。殆ど重さも感じない。改めて、本当に小さい。無性に愛おしさを覚えながら、心の中で理解した。このか弱い存在こそが、瀕死の雌鹿を鼓舞し続けた、壮絶な力の源だったということを。

あの雌は、胎内の微小な鼓動を感じ取っていたに違いない。そしてそれが、太陽の光の中を駆けたがっていることも。願いは彼女も同じだった。命を失うのが自分だけであれば、もしかすると彼女は、もっと早く横になっていたかもしれない。生きねば、という決意が、自らのためだけでなく、むしろ我が子のためだったからこそ、ただひたすらに彼女は立ち続けたのだ――。

母親の頭に、生まれることのできなかった胎児を添えて土に埋め、そっと雪を被せた。

背中に子鹿を背負い、腰のロープで雌鹿を引きずる。この時はなんとか持ち帰ることができた

最後に、切り取った雌鹿の気管を二つに分けた。一つはここに。もう一つは「1・15」と書かれていたあの子鹿を解体したところまで持ち帰り、彼の気管と同じ枝に掛けてあげたかったのだ。本当に親子かどうかは分からないが、僕はそう感じていたし、もし違っていたとしても構わない。同じ日にすぐそばで命を落とした者同士、寄り添うことで力を合わせ、迷わずに還っていってほしいと思った。

帰り道。Hから子鹿の肉を返してもらい、僕が背負う。雌鹿の肉はブルーシートで包んだ。これなら滑りが良く、雪の上を引いて帰ることができる。それを自分の腰にロープで結ぶ。2頭分の肉を一人で運ぶやり方は頭にあったが、実際に試すのは初めてだ。さすがに重い。でも、歩けないほどではない。肉を運ぶのもハンターの仕事だ。Hには任せず、この2頭をどうしても自力で運びたかった。子鹿を解体した場所までは1キロほど。無事に到着し、一旦荷物を下ろす。枝にかけたはずの彼の気管を探すが見当たらない。既にカラスかワシが持ち去ったようだ。それでもいい。「あの子はここから天に昇ったんだよ」と、同じ枝に彼女の気管をかけた。

この日、撃った弾は1発だったが、三つの魂を送ることとなった。

子鹿を背負ったザックが肩に食い込み、雌鹿を引きずる袋は疲れと共に重さを増す。運搬はとても骨が折れ、僕らが車に辿り着いた時、辺りはもう真っ暗になっていた。結局、Hは生きた鹿を見られず、僕が発砲する瞬間も撮れなかった。しかし、不思議と彼に残念そうな表情はなかった。

僕の頭の中には、前年、無駄に殺めた2頭の鹿の記憶が駆け巡っていた。結局全ての肉を捨てる羽目になった無念さと情けなさは、決して忘れられるものではない。でも今日は、無残に打ち捨てられた子鹿の肉をきちんと回収し、自分で仕留めた雌鹿の肉も余すところなく持ち帰ることができた。1年近く前のあの日の行いを、贖《あがな》えたとは思わない。しかしこの日については、山神が、正しい猟をしようとする僕に力を貸してくれたように感じていた。

ずっと引きずっていたわだかまりを、子鹿と雌鹿が少しだけ軽くしてくれたのだろうか。ひとつの区切りが付けられたような気持ちで車に乗り込み、山をあとにした。

You are what you eat

よく、聞かれる。「なぜ、狩猟をするのか」と。「肉はスーパーで売っているのに、どうしてわざわざ自分で殺さねばならないのか」と。実に的を射た問いだ。ハンターなら誰もが、一度は同じような指摘を受けた経験があるのではないか。特に僕は、殺される側の獲物に感情移入するきらいがある。そして彼らが感じる痛みや苦しみに加え、僕自身の心の葛藤に関しても話すことを厭《いと》わない。傍から見ている人が「動物を苦しませた挙句に自分も辛いのだったら、狩猟などしなければいいのに」と思うのは当然至極だ。

更に僕はこれまで、死の瀬戸際に於ける野生動物がどれだけ生に執着するかを目の当たりにし、彼らの強さを讃えてきた。しかし、そうした残酷な状況は、そもそも僕自身が引き金を引かない限りは発生しない。撃ちたくて撃っておきながら、獲物が諦めずに生きようとする様に心を震わせる。自分でも矛盾しているように感じ、思い悩んでしまうことがある。避けては通れないこの題目について、一旦立ち止まって考えてみたい。

＊

生きるためには、食べなくてはならない。この大前提に異論を唱える人はいないだろう。太陽光と空気と水、そして土からの養分だけで、エネルギーや有機物を生成できる植物と違い、他の生きものの体の一部や、命を丸ごといただくことでしか自分の生命を維持できないのは、動物としてこの世に生を享《う》けた者の宿命だ。

僕にとって、食べるということは単に栄養素を摂取するだけの行為ではない。その動植物の持つ生命力やスピリット、そして記憶のようなものを丸ごと体内に取り込む行為だと考えている。食卓に出された状態では、彼らの素性や経歴を完全に辿ることは不可能だ。そもそも、人間とは生息環境が違いすぎるために観察したくてもできないものも多い。しかし想像ならできる。ワカメを例に取ろう。僕はワカメを食べる時、陽光降り注ぐ海底で、美しい海水に揺られながらしなやかに踊る肢体をイメージする。勝手に作り上げた妄想に過ぎないと言われてしまえばそれまでだが、何も考えないで口にするよりはいいと思っている。太陽光の熱と、ミネラル豊富な海水ごと、嚙み締めたつもりになり、感謝して飲み込む。だから自分が食べる対象は、健やかで幸せに生きてきたものであってほしいと願っている。

"You are what you eat."「汝とは、汝の食べた物その物である」という諺《ことわざ》が、西洋にある。

この言葉は、科学的な見地からも紛れもない事実だ。僕らの体は全て、食べたものから出来上がっている。食べて、出し、また食べる。弛《たゆ》みのない新陳代謝。人間の体を組成する細胞は、誕生と死を繰り返す。例えば皮膚は、常に内側から新しい細胞を作り出し、表面はどんどん剝がれ落ちてゆく。個々の細胞内でも、中身が壊され新しい分子に入れ替わる活動が恒常的に行われているそうだ。生命は、自主的な破壊と廃棄に対し、補給と修復を繰り返すことで構造とパフォーマンスを保つシステムを構築してきた。輪廻転生とは宗教的な概念ではなく、僕らの体内でリアルタイムに起きている現象なのだ。このように設計されている僕たちは、食べるという行為を止められはしない。しかし、何を食べるかは自分で選べる。特に、雑食である人間の選択肢は多い。

肉を食べたくない人は、ベジタリアンになる道がある。最近は、肉はおろか乳製品や卵など、動物由来の食品を一切摂らないビーガンも増えている。元々動物性タンパク質が嫌いな人であれば、最も自然な選択だろう。もし肉が好きであるにもかかわらず、動物を殺すことに抵抗があるという理由で肉食を絶っているとしたら、それには堅忍不抜の意志の力が必要だ。信念に基づき人生に筋を通すことであり、実践されている方には心よりの敬意を表したい。ただし、菜食主義を貫いたとしても殺生の罪から逃れられたわけではない。植物も、動物と同様に生命体であることに変わりはないからだ。

僕を含む多くの人は、動物を殺すのは可哀想だと思いながらも肉を食べている。そしてそれをやめようとは思っていない。むしろ、どうすれば更に美味しい肉を食べられるのかを追求してさえいる。積極的に肉を食べ続けると決めたのなら、食べられる側の立場にもなり、可能な限り彼らの負担を軽減する方法を探る義務があるだろう。考慮すべき要素は二つあるように思う。一つめは、生きている間、彼らが幸せであること。二つめは、死ぬ時の苦痛が最小限であることだ。家畜と野生動物のそれぞれについて、可能な限りニュートラルに、比較してみたい。まずは、家畜が生きている間について。果たして彼らは幸せなのだろうか。

ある日、いつものように同行者を連れて、車で猟場に向かっていた時。僕たちは肉牛が放牧されている牧場を通った。そこで僕は、1頭の牛の後ろから別の1頭がのしかかっている光景を目撃した。「牛が交尾していますね」と言った僕に対し、その日の同行者Nは即座に「違います、あれはメス同士です」と否定した。僕の目にはどう見ても交尾としか映らなかったので、Nの言葉は俄《にわ》かには信じ難かった。偶然にも、Nは養牛業界の人だった。理路整然とした彼の説明を聞き、僕は自分がどれだけ畜産に関して無知だったかを思い知った。

まず、肉牛の農家の大多数は、子牛を産ませる繁殖農家と、それを買い取って出荷まで育てる肥育農家に分かれている。僕らが通りかかった牧場は、繁殖農家のものだった。実はそこで飼われている親牛には、雌しかいないことが殆どだという。

牛は、雌より雄が大きく育つ。肉牛の場合、とれる肉の量は雄のほうが多いため、雄が高値で取り引きされる。しかし、繁殖農家自らが雄の種牛を飼うことはまずない。優秀な血統や遺伝子を持つ種牛は、家畜改良センターなどの公的機関によって管理され、精液を大量生産する。繁殖農家は雌だけを飼い、種牛の精子を使って人工授精を行ったり、人工受精卵を移植したりして妊娠させる。優秀な雄牛を自分で選んで番《つが》う雌牛は存在しない。発情期を迎えた牛は雌同士でも背中に跨がる行動が見られるが、意外にも雄同士はしないそうだ。一見、交尾にしか見えない行動を、諸々の要素からNは瞬時にそうではないと見抜いたのだ。

Nの話は続いた。乳牛についての実態も衝撃的だった。乳牛は妊娠していないと乳の出が悪い。そこで精液や受精卵を体内に入れ、妊娠させる。どうせ妊娠させるなら、生まれてくる子牛も人間にとって利用価値の高いものが好ましい。牛乳を得たいなら、メスと分かっている遺伝子を植え付ける。しかし、子牛が生まれすぎると牛舎には収まりきらない。溢れた牛の一部は、肉用として出荷される。副産物収益を最大化するため、乳牛に高値で売れる肉牛を生ませる経営手法が存在する。ホルスタインの子宮に、黒毛和種などの受精卵が入れられることがあるのだ。DNAが黒毛和種であれば、市場に流通させる時もそう称される。代理母は誰であっても構わない。出荷時の年齢は、最高でも2年半程度だ。牛本来の寿命はおよそ20年と言われているのに対し、肉牛の一生はとても短い。屠畜場に送られる前、肉牛はビタミンAの摂取を制御される。サシが綺麗に入った肉を作るためだという。ビタミンAの欠乏は目に悪影響を与え、以前は失明してしまう牛もいたそうだ。アニマルウェルフェアの観点から、業界全体で改善が進められているものの、未だに完全な解決には至っていないらしい。高級和牛として販売されている肉に、実は乳牛から生まれたビタミン欠乏症の牛のものが含まれているのだ。僕は、現状を知れば知るほど複雑な気持ちになってしまった。

しかし、安易にこの状況を批判することは許されない。畜産家は皆、家畜が生きている間は幸せ且つ快適に過ごせるように尽力しているとNは言う。そして消費者の誰もが、美味しい肉をできるだけ安く手に入れたいと思っている。無論、僕自身もその一人だ。

では、野生動物の一生は幸せなのか。これは、幸せをどう定義するかによっても変わると思われる。生きている間はずっと餌を貰うことが保障され、ハンターに狙われることもない家畜に比べ、野生動物は常に飢餓や寒さなど命の危険に晒される。そういう意味では、野生動物のほうがストレスは大きいかもしれない。しかし彼らは家畜に比べて圧倒的に自由を謳歌している。厩舎《きゅうしゃ》に押し込められはしない。行きたい場所に行き、食べたいものを食べる。メスは、番うオスを自らの意志で決め、我が子を自分で育て上げる。エゾシカで言えば、生まれてすぐに命を落としたり、1歳に満たないで撃たれたりするものもいるが、体力と知力、そして運に恵まれていれば、10年近く生き延びるものもいる。仮に自分が、家畜と野生動物のいずれかに生まれ変わるとしたら、どちらを選ぶ人が多いだろうか。

続いて、殺される際の苦痛について。屠畜場では、牛の眉間に専用の機械で打撃を与えることによって気絶させ、逆さ吊りにして喉を切って放血させる。稀に途中で意識を取り戻してしまうものもいるらしいが、苦しむ時間はできるだけ短く抑えられている。

屠畜が屋内で確実に実施されるのに比べ、山中で銃で鹿を仕留める際の精度は落ちる。頭蓋骨や頸椎を射抜けば、鹿は即死する。苦痛の度合いは屠畜とあまり変わらないと思われる。ただし、頭や首は標的が小さく、弾が外れる可能性が高い。距離がある時は、より確実な心臓や肺を撃つことも多い。そうした場合、狙ったところに命中しても鹿は走る。意識を失うまでの時間は、長くて3分程度だろうか。その間、彼らはどれだけの苦痛を感じているのか。きっと途方もなく痛く、辛いはずだ。胃や腸などの消化器に当たってしまった場合、鹿は遠くまで逃げてゆく。血の跡を追い、2発目でとどめを刺せればいいが、逃げ切られることもある。しかし撃たれた鹿は、当たり所が悪ければ、結局はどこかで事切れるだろう。苦しませるだけ苦しませ、食べることもできない、最悪の事態だ。要するに狩猟の場合は、屠畜と同様、瞬間的に命を奪うこともできるが、長時間にわたり断末魔の苦痛を与えてしまう可能性もあるということだ。

獲物に与えざるを得ない苦痛を、最小限に留めるのがハンターの義務であり、全ては本人の技術にかかっている。問われるのは射撃の腕前だけではない。獲物との距離を十分に詰めるテクニック。狙った所に確実に当てられる時以外は撃たないという余裕と自制心。ところが、確信を持って撃った時でさえ外すこともある。だから徹底した訓練と準備を怠ることは許されない。

そのため僕は、定期的に射撃場に通って練習をしている。僕が使っているハーフライフル用の弾は、1発700円以上する。10発撃っただけでも7000円。そこに交通費や施設使用料も加わる。懐が痛いが、狩猟をする上での必要経費だと割り切っている。たとえ猟期中であっても、着弾点に誤差が生じてきたと感じた時には、一旦鹿を撃ちに行くのをやめ、射撃場で調整を行う。それが獲物に対する、せめてもの礼節だと考えている。

体力の強化も忘れてはならない。1発で仕留められず、逃げてゆく鹿を追いかける際には、筋力と心肺機能が物を言う。急峻な尾根や谷筋を乗り越えながら歩き続けることのできる足腰。追い付いて狙いを定めた時に銃口のブレを防ぐには、心拍数が上がりすぎていてはいけない。そして捕獲と解体が完了した後、最後にどれだけの重量の肉を背負うことができるか。以前からジムには行っていたが、狩猟を始めてからは下半身のトレーニングに、より多くの時間を割くようになった。右ふくらはぎを断裂してからは、更にその比重が増した。スクワットの重量を増やす。決めた回数を上げる。「あの鹿を食べたんだ、上がらないわけがない」と自分に言い聞かせ、更にもう一回だけ上げる。鹿は僕の体だけでなく、心をも強くしてくれている。山で鹿を追う時間だけでなく、そのために心身を練り上げてゆく時間の全てが、僕にとっては狩猟の一環だ。

スーパーに置いてある肉も、山から獲ってきた肉も、普通の人から見れば同じ肉だろう。しかし僕にとっては全く意味合いの違う、全くの別物。撃つ代わりに買えばいいとはどうしても思えないのだ。

また、肉は店で手軽に買えるという前提条件も、人類史から見ればごく最近に生まれた、特殊な状況だと言えよう。20万年以上、狩猟採集生活を送ってきた人間（ホモ・サピエンス）は、やがて追いかけていた野生動物の一部を飼い慣らして家畜とした。技術は向上し、遂には最大限の効率を追い求めた工場式畜産を実現するに至った。短期間のうちに、自然環境も生活様式も一変した。現在、地球上に暮らす全人類の総重量は3億トン、牛や豚や鶏などの農場で飼育している家畜は7億トンになるそうだ。ペンギンや象から鯨まで、大型野生動物の総重量が1億トンと推定されているので、家畜はその7倍にもなる。それほど多くの家畜がいながらも、彼らを殆ど目撃することがないというのは、考えてみるととても奇妙だ。家畜が生きる姿も、食べるために命を絶つ行為も、僕らの目の届かないところで行われるようになった。僕らが、自分が口にする動物を目にする時。それは既に生きてはおらず、綺麗に精肉され、発泡スチロールのトレーにパックされてしまっている。それが僕らの、新しい常識だ。家畜の暮らしぶりをきちんと知っている、或いは知ろうとする人は多くない。更に、肉は狩猟を通じてではなく店舗で入手するものだという日常に疑問を感じる人は、輪

なぜ猟をするのか——その問いを繰り返しながら。野生動物が暮らす山を歩く

をかけて少ないだろう。

しかし本当にこの状況は、安定的に永続し得るのか。記憶に新しい東日本大震災や、更に最近の出来事であるコロナ禍。高度なテクノロジーを発達させてきた人間の社会に於いても、予想外の事態は常に発生する。その中で、肉の供給が途絶えることはないのか。大災害によって流通経路が遮断される可能性は否定できないはずだ。そして、かつて狂牛病と呼ばれたBSEや豚熱の発生、また鳥インフルエンザによる大量殺処分などのニュースが世間を賑わせている現状に対し、僕らはどう対処するべきなのか。そうした中、一部だけでも自力で肉を獲ることができる人間がいてもいいのではないだろうか——。

と、ここまで色々と考察してきたが、実はこれらは、僕が自分で鹿を撃っていることを正当化するための、単なる言い訳なのかもしれない。


どうして僕は狩猟をしているのか。なぜ、自らの手で野生動物の肉を得ることに、強いこだわりを持っているのか。時に胸を掻きむしられるような出来事に直面しながらも、やめようと思わない本当の理由は、一体どこにあるのだろう。

批判を恐れず、正直に述べると、社会的な意義といったものは二の次だ。それは僕という人間の、極めて個人的な衝動に端を発している。率直に言うと、僕は野生動物と同化したいという、潜在的な欲望があるのだ。食べるというのは、それに直結した行為だ。

まずは、彼らが暮らす山を、自分の足で歩く。彼らの日常を追体験する中で、途轍もない強さを思い知らされる。苦労を重ねれば重ねるほどに、憧れや畏敬の念は増すばかりだ。ようやくのことで対面できた時。神々しいまでの美しさに目を瞠る。そして、仕留めた瞬間に湧き上がる、喜びと悲しみ。息の根を止めたことによって生まれる責任感。そこまでして僕は生きていたいのだという自覚。それらを丸ごと、自らの掌中に収める。

更に自力で獲った野生動物の肉を食べると、自分の奥底に眠っていた狩猟採集民族としての血が沸き立ってくる感覚がある。遥か昔、人間がまだ驕ることなく、自分たちを動物の一種として位置付ける意識が鮮明だった頃。食う時もあれば食われる時もある緊迫した平等性の中、正々堂々と彼らと渡り合っていた時代の遠い記憶。命を奪いながらも彼らを愛し、必要以上に獲ることはなく、共に栄え、歩んできた叡智。そうしたものに、僕はずっとこの手で触れていたいのだ。

そして、これだけは言える。鹿の命を奪うのがハンターであると同時に、鹿を最も尊敬し、心底惚れているのもまた、ハンターなのだと。

脚をなくした雄鹿

その雄鹿に出会ったのは、あと少しで猟期が終わるという3月半ば。大きい割に痩せているな、というのが最初の印象だった。僕を見つけるなり逃げ出したが、すぐに何かに足を取られたようにぎこちなく止まった。雪は深くはあったが、雄の膂力《りょりょく》をもってすれば逃げおおせることもできたはずだ。僕は多少の違和感を覚えながら引き金を引いた。

崩れ落ちた彼に駆け寄って驚いた。片方の角が失われている。元々生えていた角の付け根には、生々しいピンク色が露わになっている。実は雄鹿の角は、毎年春に落ちて生え変わる。5月くらいには、頭に黒い饅頭のような突起が生え始めているのをよく見かける。秋に向かって成長を続け、10月の繁殖期を前に最大となる。だから角がない雄がいても不思議ではない。しかし角が落ちるのはもっと遅い時期だ。こんなに早く落ちることは滅多にない。そしてもう一方の角も様子がおかしかった。長さは15センチくらいしかなく、小さな切り株のように太い。立派な角が途中で折れたわけではなく、最初から奇妙な形に成長したようだ。こうした変形は、病気や怪我などで角に栄養が行き渡らない時に起きると聞いたことがある。もしそれが正しければ、この短くて太い角が生え始めた10ヶ月ほど前の時点で、雄鹿の体には既に何かしらの異変が起きていたはずだ。

色々な疑問が心をよぎりながらも、とにかく僕は止め刺しのナイフを入れた。体が大きいだけあって暗赤色の流れは太く激しく、白い雪の上にできた染みは見る見るうちに大きさを増していった。大きく見開かれた雄鹿の眼。瞳孔が開き、身罷《みまか》る様をじっと見守った。

更に彼の体を検証する中で、さっき僕が抱いた違和感の最大の原因を見つけた。右の後脚が30センチほど失われていたのだ。三本脚の鹿。僕は胸を衝《つ》かれた。その年は記録的な豪雪だった。災害級とも報道され、札幌では交通機関が何日も麻痺した。山中に至っては、植物は雪面から何メートルも下に埋もれてしまい、水の流れが顔を覗かせている場所もほんの少ししかない。食べものも水も得られない、極寒の冬。鹿は、雪が深いと蹄が刺さってうまく歩けない。だからその年は、凍死したものも多かったはずだ。実際にこの雄も、とても痩せていた。それでも、脚が4本ある鹿でさえ困窮したであろう冬を、脚が1本足りない体で生き抜いたのだ。

問題の脚を入念に観察する。欠けているところから上の数センチを取り巻く皮膚は、なぜか全く毛がなく、真っ黒でつややかだ。脚がまだあった頃、ここは毛に覆われていたはずだ。触ってみると、ほんの僅かな弾力がありながらもしっかりと硬い。鹿の体の中にも、同じ色と質感を持つ部位がある。蹄だ。先端を失っても、雄鹿は、起き臥《ふ》しの際や急坂を登る時など、千切れて短くなった脚で直接地面を踏みしめてきたのだろう。やがて毛が抜け、角質化が進み、毛皮が蹄のように硬化したのだと思われる。

傷口の断面を見てみると、盛り上がった肉の組織に覆われ、うっすらと血が滲《にじ》んでいた。骨は既に肉に隠れていて、全く見えない。形状は、スッパリと直線的に切断されたようになっている。ノコギリでも切るのが大変な後脚の骨に、一体どんな力がかかったら、こんなに綺麗な切り口ができるのだろうか。地面から30センチほどの高さで、水平方向にかかる強大な力。

例えば、突然倒れてきた木が何らかの理由で横から直撃したとか、足を踏み外して崖から落ちたとか。或いは、交通事故にあった可能性もゼロではない。でもそれらの確率は、相当に低いように思われる。もう一つ、思い当たる節があった。

くくり罠だ。僕自身も罠の免許を持っていて、何回か仕掛けたことがある。くくり罠は、獲物の脚をワイヤーロープで捕らえるタイプの罠だ。バネを強く引き絞った状態で地面に設置され、鹿が踏むと同時に輪が飛び上がって締まるように設計されている。確証があるわけではないが、この鹿はくくり罠に掛かったのではないかと思えた。しかし、くくり罠には輪が一定の直径以下にならないようにロックをつけることが義務付けられている。だから、ワイヤーロープが締まる力だけでは鹿の脚は切断されない。では一体何の力が、彼の脚を骨ごとスッパリと切り取ったのか。可能性は一つしかない。彼自身の力だ。事実、くくり罠にかかった動物が、しばしば脚の先端を残して逃げることは、罠猟師なら皆知っている。恐るべき生への執着心。仮に僕が足に鉄の輪をはめられたとする。どんなに命の危険に晒されたとしても、自分の力で足首から先をもぎ取って逃げることなどできはしない。信じ難いが、野生動物はそれをやってのける。

想像を絶する苦悶。譬えようもない痛みに苛《さいな》まれながら、この雄鹿は一体どれだけの時間、足掻《あが》き続けたのか。そして、脚の先を落としてから今日まで、どんな疼《うず》きを抱え続けてきたのだろう。僕は冷たくなった傷口を、両手で包み込んだ。指先から急速に体温が奪われ、壮烈な闘いの痕は逆にじんわりと熱を帯び始める。どこか遠くから、彼の声が聞こえてきた気がした。

＊

1週間後。僕は、行きつけのダイニングバーを貸してもらい、個人的な集まりを開いた。その頃、僕の狩猟に同行した人の数は、のべ50人を超え、小学生から高齢者まで年齢の幅も広がっていた。僕は、そうした同行者の面々や大切な友人たちを招いた。目的は、三本脚で生きた雄鹿の話をすることと、先端が失われた彼の脚を皆で食べることだった。

僕は、キースと一緒に彫ったトーキングスティックを会場に持ち込んでいた。話を始める前。杖を握り、目を瞑った。深呼吸を繰り返す。あの雄鹿の、虚空を見つめる眼差しが呼び覚まされる。店内の雑音が、ふと遠のく。心の中で、しばらく彼と見つめ合う。僕はおもむろに目を開け、顔を上げて話し始める。水を打ったような静けさの中、全員が固唾を呑んで聞き入る――。

話を終えると、店の裏手に吊り下げて熟成させておいた、まさにその脚をテーブルに乗せた。彼にとどめを刺した、愛用のナイフを取り出す。一片の肉も残さぬよう、心を込めて骨を抜き、精肉する。真剣に見入っている皆にとっては、所作の一つ一つも語りの続きであったろうし、しばらくして運ばれてきたローストを分かち合うのも同様だ。

「いただきます」――短くてもこれが祈りの言葉であることは全員が理解している。自ずと手を合わせる者もいれば、涙ぐむ者もいる。一度口に入れれば、今度は歓声が上がる。とにかく旨味が強い。嚙めば嚙むほど、味が増す。反発してくる歯応えは彼の強さだ。硬いからといって、まずいわけではない。硬さは意味であり、信念でもある。肉が強固だったからこそ、彼は生き延びてきたのだ。あっさり飲み込んでしまうのは逆にもったいない。皆の口の中に広がる肉汁は、雄鹿のイメージと共に、心身に沁み込んでゆく。この雄鹿の命をいただいたからには、彼に恥じない人生を送らねばならないと決意を新たにする。これほどまで見事に、個と個が結びついた肉があっただろうか。メッセージを受け取る行為と、咀嚼して嚥下する行為が、完全に融合している。本当の意味で、肉を食べる、というのは、こういうことなのだ。

このとき会場を包んでいた一体感と高揚感を、僕らは皆、絶対に忘れることはないだろう。そして彼の肉と魂を分かち合った仲間の誰かが、いつか苦境に立たされた時。巨大な雄鹿が心の中に燦然《さんぜん》と降臨し、三本脚のままで力強く導いてくれると、信じている。

Monologue

何年も生きてきたが、こんなに雪が多い年は初めてだ。笹さえも埋もれてしまい、硬い樹の皮を必死に齧りとる日々。飲み水も簡単には見つからない。年寄りの身には堪《こた》える冬だ。

かつて私は、この山で最も強かった。次々と現れる強者たちと干戈《かんか》を交えては悉《ことごと》く退《しりぞ》け、多くの雌を従えてきた。しかし今は、角がまだ小さい若造にも敵わない。角を突き合わせても踏ん張りが利かない。寂しいことだが仕方がない。そもそも私は、脚を一つ失くしてしまったのだから。

あれは、前の、そのまた前の夏だったか。足が二つしかないならず者が、我らが森に入り込み、なんの断りもなく切り拓いた地には、青々とした草が生い茂っていた。いかにも旨そうだ。私は暗くなった頃を見計らって山を降りた。腹が減っていた。ひと口食べてはまたひと口と、歩を進めていった。徐々に夢中になり、不覚を取った。あの一瞬の油断が悔やまれる。

突然、何かが右の後脚に喰らい付いてきた。間髪を容れずに跳び上がり、脚を蹴って振り払おうとしたが遅かった。絡み付く蔓《つる》は、ヤマブドウとは違って銀色に光っている。この銀色の蔓。二つ足どもが運んでいるのを見たことがある。奴らが、巧妙に土の中に隠しておいたのだろう。

垂直に立ちはだかる崖を、幾度となく駆け上がってきた自慢の脚だ。こんな細い蔓など、すぐに引き千切ってやる。そう思って走り出したが、強い勢いで引き戻された。何度繰り返しても同じだ。手強い。細いせいか、蔓は皮を破り、どんどん肉に食い込む。痛い。途方もなく。しかし、痛み如きに負けはしない。私は暴れに暴れた。蔓は遂に骨に達し、それを少しずつ削ってくる。この脚はもう使い物にならないだろう。だからといって諦めるわけにはいかない。最後の最後まで闘い抜く。それ以外の生き方は知らない。全力で大地を蹴り続ける。

嫌な音がした。体の中に、いかずちが走った。思わず気が遠くなる。同時に、不意に体が自由になった。無我夢中で駆け出す。しかし、すぐに倒れ込んだ。体を上手く支えられない。気付けば、脚の先がなかった。立ちあがろうともがく。傷口が地面に触れるたびに悶絶する。それでもいい。死ぬよりはましだ。脚を一つ失いはしたが、今日も生き延びた。

秋が終わり、雪が降り始める頃。次第に三つ脚で生きてゆくことにも慣れてきた。塗炭の苦しみを味わいながらも、無理矢理に傷ついた脚を使っていると、どうだ。突き出ていた骨の周りを、肉が覆ってきたではないか。毛は抜け、皮は硬くなり、なんと蹄らしきものまで現れた。そうやってどうにか、冬を越した。

春。自慢の角が落ちた。今まで角を重いと感じたことなどなかったが、この時ばかりはほっとした。すぐにまた新しい角が生えてきた。しかし、何か様子が変だ。いつもなら天に向かって伸びる楢《なら》の樹のように、枝分かれしながら力強く育つ角。右の角はまあ良い。しかし左は全く長くならない。不自由な体で、思うように草が食べられなかったからだろうか。夏になるともう伸びなくなった。やがて左の角は、老木の幹にできた瘤《こぶ》のような醜い塊に成り果てた。

秋。闘いの季節が巡ってきた。この体ではまともに立ち合うことなどできはしない。ところが他の雄たちは私を見るなり、怒りを露わにして突進してくる。踵を返して走り出すが、脚が縺《もつ》れる。調子に乗った若造が、面白がって尻に角を突き立ててくる。情けない話だ。雌を見つけて近寄ってはみるが、やはり相手にはしてもらえない。子を成せなかった秋は、初めてだった。

そしてまた、冬。豪雪の中、今度はひたすら飢えと闘った。痩せたとはいえ私の体は大きい。今まで四つの脚にかけてきた重さを、三つで支えなくてはならない。蹄が深く雪に刺さる。よろめきながらも、食べられるものを必死に探す。体に力が回らず、左の角は春を待たずして落ちてしまった。

もう限界か、と思い始めた頃。山神はまだ私を見捨ててはいなかった。暗く寒い夜が少しずつ短くなってきたのだ。日差しも確実に暖かさを増している。小鳥たちが賑やかにさえずり、木々の芽も膨らんできた。蕗《ふき》のとうが顔を出すのも、もうすぐ。なんとかあと少し、しのぐのだ。あと少しだけ。

うららかな光が降り注ぐ寧日《ねいじつ》。私は、日当たりの良い斜面で、微睡《まどろ》みの中にあった。一天、俄かに掻き曇り、目を覚ました。嫌な予感。大きな足が雪を踏む音が聞こえてきた。慌てて立ち上がる。例の二つ足が近付いてくるのが見えた。黒い筒を抱えている。二つ足の中でも特に危険な輩《やから》だ。必死に走り出すが、やはり思うようには進まない。雪に足を取られた。振り向くと、彼奴《きゃつ》は既に私に向かって黒い筒を構えている。山神よ。希《こいねが》わくは、年老いた私に力を貸してくれ賜《たま》え。私は生まれて初めて自分以外の力に縋り、祈った。

その途端、小さなつぶてが右から左へと胸を貫いた。たまらずに坂を転げ落ちた。

山神よ、どうしてだ。なぜ私の願いを聞き入れてくれない。真っ直ぐに、ひたむきに、生きてきた私を、なぜ見殺しにする。

二つ足があたふたと走り寄ってくる。もう私は動けない。そんなに慌てなくても良かろうに。不器用で不躾《ぶしつけ》な輩だ。そいつは、つららのような銀色の棒を腰から抜くと、私の首元に突き立てた。痛くはあるが、脚を引き千切った時に比べれば可愛いものだ。

二つ足が、私の眼を覗き込んできた。これが、私が見る最後の光景なのか。妙に悲しそうな面をしている。自ら屠《ほふ》っておきながら悲しむとは、なんと愚かな。喰らいたくば、迷わず喰らえ。それが山の掟。その理《ことわり》が分からない者は、いつまでも山のものになれはしない。

血が失われてゆく。気が遠くなってきた。もしかすると、これでようやく楽になれるのかもしれない。ここしばらくはずっと、痛みと飢えしかなかった。それでも命あるうちは、どんなに辛くても生き続けるという道を選ぶしかない。しかし、遂に我が命脈が尽きるのなら、ゆっくり休むことも許されるだろう。果てのない苦しみから、遂に解き放たれる時が来たのだ。

天《あま》つ風《かぜ》が吹き、叢雲《むらくも》は消えゆく。日輪が顔を出し、山河には清《さや》けき緑が幸《さきわ》う。私を包む光が、強さを増す。

山神よ。あなたは私を見捨てたのではなかった。

魂が、久遠の翠玉《すいぎょく》の中に溶け込む。

そして私たちは、ひとつとなる。

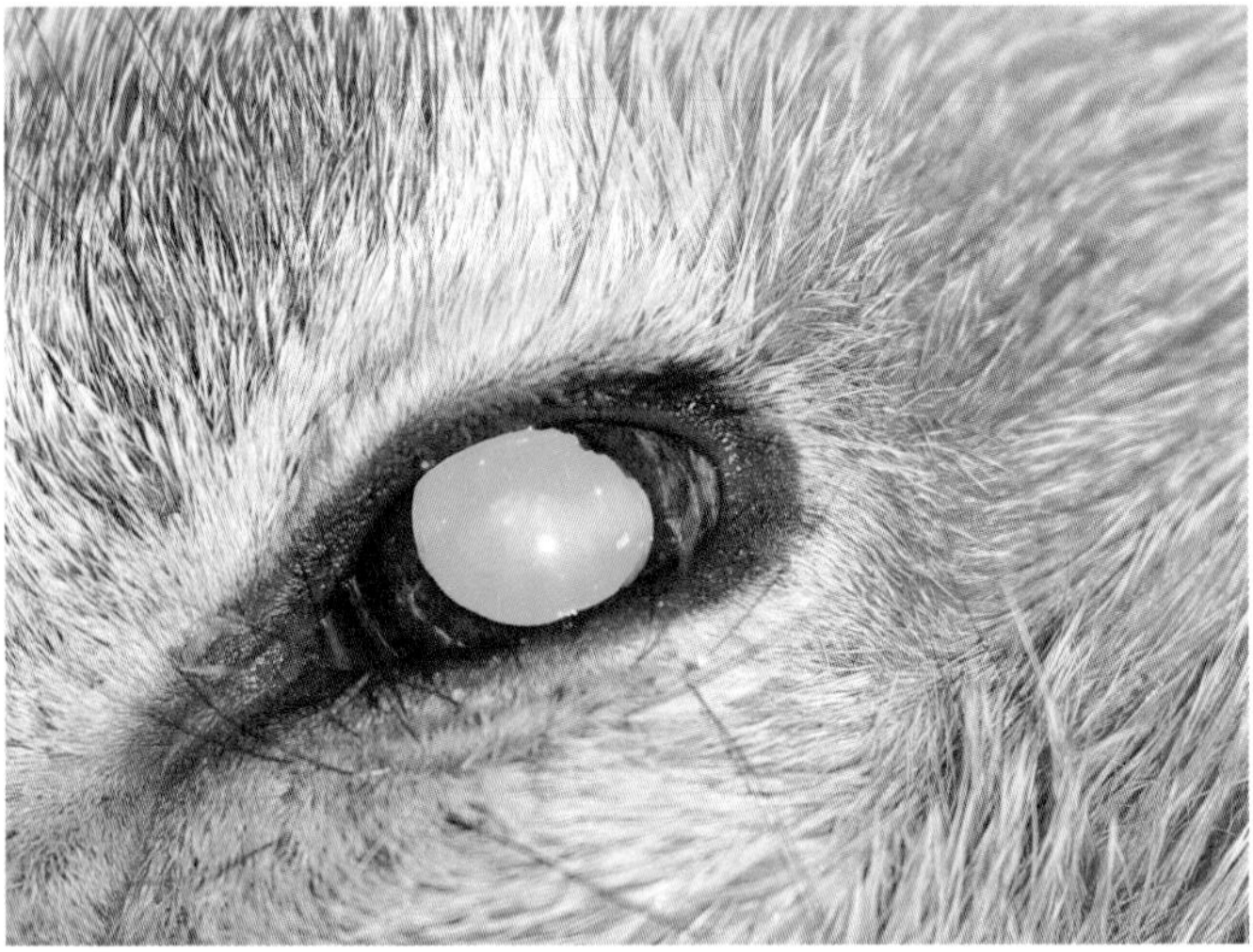

還るべきところへ

　ハンターしか見ることのできない、世にも美しく、残酷な宝石がある。鹿の命が絶たれた直後、その霊が大いなるものの下へと還りゆく間だけの、刹那《せつな》の輝き。有機の精緻な構造と、天からの光彩が創り出す、玲瓏《れいろう》のエメラルドだ。

　夜、光を浴びた鹿の目が光っている時がある。網膜の奥に反射板の役割を持った膜があり、光を跳ね返しているのだ。鹿は暗い中でも行動するため、弱い光を反射によって増幅させて利用している。通常その輝きは、夜の間だけしか見られない。日中は明るくて眩しいので、鹿は光の通り道である瞳孔を狭く収縮させているからだ。しかし、撃たれた後の瞳孔は力が失われ、開いてゆく。そこに陽光が差し込むと、鹿の目はまるで自ら光線を放射しているかの如く、強く明るく光る。色は少し青みがかった、透明感のある緑。よく見ると、その中には星雲のような、オーロラのような、何とも名状し難い僅少《きんしょう》な濃淡がある。しばらくして角膜が乾燥し始めると、たちまち色はくすんでしまう。晴れた日、撃ったすぐ後にしか見られない、玉響《たまゆら》の天球だ。

僕にはそれが、生涯を正しく全うしたものだけが足を踏み入れることを許される、楽園のように見える。大きく広がった瞳は、ほんの一時しか開かない、約束の地への隠し扉だ。見渡せばそこは、薫風そよ吹く草の海原。寄せては返す、若葉の波。一切の飢えや苦しみから解放された鹿は、祝福の歌が響き渡る中をひた走る。彼らは、魂が還るべきまほろばを自身の内に秘めているように見えて、それを僕はとても羨ましく思う。

「ガァガァ、ガァガァァア!」

大音量が響き、不意に我に返る。鹿の息が完全に途絶え、体を捌き始める頃になると聞こえてくる、馴染み深いしゃがれ声。カラスの大群だ。大概はそこにかなりの数のトビも混じる。一体どこから、こんなにたくさん集まってくるのだろう。高い枝に鈴なりになって、僕を見下ろしている。翼を広げると2メートルを超すオジロワシもなり立てる鳥たちの言いたいことはな日本最大の猛禽《もうきん》類、オオワシが姿を現す時もある。がなり立てる鳥たちの言いたいことは分かっている。「早くしろ。さっさとよこせ」——。そんなに慌てるなよ、と言いたくなるが、厳しい寒さをしのぐための糧が必要な彼らの身になれば、待ちきれないのも無理はない。

視界の端を黄色い影がよぎる。やられた。足元を見ると、雪の上に置いた鹿の脚の先端がなくなっている。キタキツネが、一瞬の隙を突いて持ち去ったのだ。まだ足りないとみえて、その後もずっと辺りをウロチョロしている。

解体の全ての作業が終わる。「お待ちどおさま」と観客たちに声をかけ、僕は肉を背負う。焦燥感に満ちた督促の叫びが、一段と大きくなる。歩き出す。5メートル。10メートル。最も勇敢な、或いは最も腹を空かせた1羽が、バサリと飛び立つやいなや、堰を切ったように無数の野太い羽音が響き渡る。黒と茶色の大集団が雪の上に舞い降り、僅かに残された腑分けの名残に群がる。物陰に隠れていた狐がたまらずに飛び出し、鳥たちを蹴散らす。ご馳走だ。祭りだ。お祝いだ。

自分が撃った獲物の、有終の美を飾る饗宴を眺めながら、僕はしばしば自分自身の末期に思いを馳せる。人生とは、生まれた瞬間から負けが決まっている鬼ごっこ。迫り来る死神を振り切り、躱《かわ》し、粘るが、逃げ足は歳と共に遅くなる。損な役回りではあるが、そもそもの役が与えられない限り、生まれることは許されない。ゲームのラストシーンとして瞼《まぶた》に浮かぶのは、病院のベッドで何本かのチューブに繋がれている哀れな自分の姿だ。遺体は焼かれ、小さな壺に入れられ、墓の下に納められる。そして狭くて暗い空間に、そのままの形で在り続ける。

でも彼らは違う。鹿だったものは、瞬く間に翼を得て空を舞い、脚を取り戻して大地を疾走する。その速さは圧巻。そしていつもあまりに鮮やかで、僕を呆然とさせる。ひとつの死の苦しみが、流れるような滑らかさで、多種多様な生と歓喜に置き換わってゆく実態。それは自分の死に対しても、希望的な概念をもたらしてくれる。狩猟が僕に与えてくれた、思いもかけない贈り物だ。

食うものと食われるものが繰り広げる、この命の交代劇。人間界では、「食物連鎖」という用語が使われる。山の中でその現場を目の当たりにすると、これまで培ってきた自分の常識が、大きく揺らぐのを感じる。食物連鎖の説明に頻繁に使われる、ピラミッド型の図形。一番下が微生物や植物で、その上が昆虫や草食動物。最上位にはライオンなどの大型肉食動物が置かれる。北海道の山で言えば、頂点に立つのは文句なしにヒグマだろう。時には、銃を持った人間でさえもが命を奪われる。しかし、最強の王者も例外なく、いつかは命の終焉を迎える。それを食べるのは、より小型の肉食動物だ。更にその死体に、もっと小さなものたちが群がる。それが際限なく繰り返され、最後には微生物が全てを土に還してゆく。「分解」の目線で見れば、大型獣が底辺で微生物が頂点。順位は、完全に逆転してしまう。つまり、命に上下も貴賤《きせん》もない。それはピラミッドを上へ上へと登ってゆくものではなく、巨大な球体の中で縦横無尽に、無限の回遊を続けているだけなのだ。

困ったことに人間は、そうした連鎖の中で、自分たちが別格の存在として君臨していると思い込んでいる。僕自身もそうだった。でも、獣たちを狩る中で徹底的に叩き込まれた事実がある。人間が優位に立てるのは、コンクリートジャングルといった、この地球上でごく限られた環境の中でだけ。自然の中では、僕らは全く、彼らに歯が立たない。何一つだ。圧倒的な敗北感。そして、大木に深く刻まれた、巨大な熊の爪痕を見つけた時に感じる、殺されるかもしれないというリアルな恐怖。普段の生活では絶対に感じられない、これらの気持ちを噛み締めることは、動物の一種である人間として、とても大切で健全なことに思える。

恐怖を、忌《い》み嫌ってはならない。それこそが、自然界からのかけがえのない賜物。脳内から排除すべき異物ではなく、感謝と共に押しいただくべき感情なのだ。自分より強く、優れたものがいる現実を素直に認める。謙虚になり、分をわきまえる。人間が一方的に食べるだけでなく、食べられる側に回ることもある、と受け入れる。そのフェアネスは逆に、僕に大きな安心をもたらしてくれる。いざとなれば、自らの命を彼らに献上するという契約書に署名をして初めて、山を包み込む命の環《わ》に取り込んでもらえる気がするからだ。僕は野生動物との同化願望を持ち続けてきた人間だ。本当に、熊となって大地を歩き、ワシとなって空を飛べたら、どんなに素敵だろう。

そうしたことを考えているうちに、最後の最後に行き着くところは、もうひとつ次元が異なるような気がしてきた。更なる高み、生物種をも超越した至境があるのではないか。すると実は、その道標となる言葉をだいぶ前から心中に温めていたことに気付いた。

答えはやはり先住民の教えの中に存在した。偉大なる調和と、永劫《えいごう》の巡り。重厚な威厳と、変幻自在の軽妙さの並立。全生命を司っていながら、命そのものとは言えないカオス。

つまりは「大地の一部、水の一部」。

"Part of the land, part of the water."

生きとし生けるもの全てが、ここに還りゆくのだ。

一本のナイフと二人の男

狩猟に於いて、ハンターが最後に命を託すもの。それは銃ではなく、ナイフだ。複雑な構造を持つ割には弾を発射する機能しかない銃に対し、ナイフはシンプルにして万能だ。非常時の野営ではシェルター作りに活躍してくれる。銃弾を撃ち尽くした後、襲いかかる獣に立ち向かわんと握り締めるのもまた、ナイフだ。

狩猟同好会の世話人であるF氏は、ナイフ作りの名手でもあった。アマチュアを含めると、世の中にはナイフを作る人が意外にたくさんいる。でもその中に、解体に熟練したハンターはどれだけ存在するのだろうか。逆も然《しか》りで、ハンターが皆ナイフを自作しているわけではない。F氏はその両方に卓越した稀有《けう》な人で、今まで100本以上のハンティングナイフを自らの手で作ってきた。

それらを初めて見せてもらった瞬間、僕は完全に心を奪われた。質実剛健にして端麗な佇まい。細部の作りまで一分の隙も無駄もない。F氏が作るナイフの造形美は、まるで野生の鹿のそれのようだった。ナイフの刃の部分はブレード、持ち手はハンドルと呼ばれる。ブレードのカーブが描くライン、重心の位置、ハンドルの微妙な起伏など、全ての意匠に思惑がある。ある部分がなぜその形をしているのかを聞くと、即座に明快な答えが返ってくる。

解体では、止め刺し、関節外し、皮剝ぎ等々、作業内容は多岐に及び、それぞれに適したブレードの形がある。鹿の首元にとどめを刺す時には、細長くて尖った刃が滑らかに入る。毛皮をすばやく綺麗に剝ぐには、大きく反った形がいい。長いストロークで弧を描くように刃を走らせることで、一度に幅広く皮を剝ける。本当なら、作業工程の数だけ、専用のナイフがあるのが効率的だ。

ところが山に持っていける荷物の量には限りがある。単独忍び猟の場合は、特にシビアだ。少しでも荷物を軽くしておけば、その分たくさんの肉を背負える。F氏も僕も、狩猟中に腰にぶら下げているナイフは1本だけだ。だからその1本は、あらゆる作業をそつなくこなすオールラウンダーであることが求められる。全ての機能を80点にまとめるのか、最優先の機能を90点に引き上げる代わりに、それ以外を70点でよしとするのか。持ち主によって好みは分かれる。更に自らの解体スタイルが確立してくると、それに合わせたナイフが欲しくなる。ほんの僅かな長さや角度の違いが、使い勝手を大きく変えることを知ると、なかなか既製品では満足がいかなくなってしまう。自分にとって最高のナイフを求める気持ちは、こだわりと言ってもいいし、美学と呼んでもいいかもしれない。F氏のナイフを見ているうちに、僕も究極の1本を手にしたいという欲求が高まっていった。だから彼が同好会の面々に「ナイフを自作してみないか」と呼びかけた時、僕は一も二もなく飛びついた。F氏は狩猟と同様にナイフ作りについても、全てを懇切丁寧に教えてくれた。

まずはデザインを描く。ああでもない、こうでもないと、方眼用紙に描いては消し、消しては描きを繰り返す。切っ先を1ミリずらしただけでナイフの表情は変わる。その間ずっと、「あの関節の隙間に先端をこじ入れるならこの角度じゃ無理だな」などと頭の中で解体を再現している。そういった意味では、ナイフ作りも立派な狩猟の一環だと言えるだろう。

自分が獲ったより遥かに多くの鹿を頭の中で解体し終えた頃。ようやく満足のいくデザインが練り上がった。次はそれを鋼材に写しとる。ナイフに使う鋼材は、一見ただの鉄板にしか見えないが、錆びにくく、折れにくく、刃持ちが良いという特性を具《そな》えた刃物専用のものだ。そこにデザイン画を貼り付け、金ノコで切り抜く。大型の電動工具はF氏が営む自動車修理工場にあるものを使わせてもらった。多くのナイフメーカーが、何十万円もするナイフメイキング専用の特殊な機械を使うが、F氏はホームセンターで簡単に入手できる1万円ちょっとの電動工具を巧みに操る。おかげで僕も大きな初期投資をせずに、手軽にナイフ作りを始められた。出費は抑えても、完成度に妥協は許されない。最初は薄い長方形だった鋼材が、少しずつ削られてナイフの形に近付いてゆく。電動工具を使う工程が終われば、あとは果てしない手作業が待っている。小さな消しゴムくらいの砥石やサンドペーパーを使い、0・1ミリ以下のラインを整え、ブレードを磨き上げてゆく。

ナイフのデザインを見れば、そのハンターが何を重視し、どういう姿勢で鹿と向き合っているかが分かり、仕上がりにはその人の美意識や忍耐力、性格が表れるとF氏は言う。つまり、ナイフを見れば人となりが分かる、という意味だ。敬愛するF氏にそんなことを言われたら手を抜くわけにはいかない。僕が最も重きを置いたのは、切っ先の鋭さと、ブレードの薄さだった。鋭利な先端にはデメリットもある。皮剝ぎの作業では、細心の注意を払わないと毛皮に穴を開けてしまうだろう。しかし、リスクを負ってでも、そのこだわりを貫いたのは、僕にとって何よりも大切なのが止め刺しだったからだ。銃弾に倒れた鹿は、まだ多少意識が残っている時もある。たとえ呼吸が止まっていても、体の感覚は残っているかもしれない。それまで既に、鹿は十分に苦しんでいる。彼らが生涯の最後に、体に受け入れるのがナイフだ。だとしたらできるだけ苦しまないよう、痛くないよう、入れてあげたい。それがハンターとしての義務であり、ナイフを作る者としての礼儀だと考えた。コンセプトは、鹿自身が刺されたことに気付かないナイフ。着々と剃刀《かみそり》のように仕上がってゆく先端を見ながら、F氏は「惚れ惚れするねえ」――と目を細めた。

振り返ってみれば、絶対に妥協するものかと決意して臨んだ初めてのナイフ作りは難航を重ね、デザインを描き始めた日から実に1年半もの時間が経っていた。会社での残業が終わって帰宅し、深夜からブレードを磨き始め、夢中になった挙句に朝を迎えたことが何度あっただろう。そうした辛くも楽しい時間も、ようやく終わろうとしていた。

ところが、意気揚々と完成したナイフをF氏に見せに行った日、僕は再び血眼《ちまなこ》になってブレードを磨き直す羽目となった。ピカピカに仕上げたつもりだったが、F氏は薄い曇りを見逃さなかった。まだ細かい傷が残っていたのだ。指摘を受けた僕は、即座に修理に取り掛かった。とても手間の掛かる作業だ。ヤスリの目を徐々に細かくしながら、鏡面になるまで磨き上げてゆく。猛烈に焦る。刻限は今夜。あと数時間以内に完成させなければならない。なぜなら翌日、朝早くのフライトでカナダに発つからだ。

タギッシュ／クリンギット族のキースと出会い、ユーコン訪問を重ねるごとに、僕は彼らの世界観に深くのめり込んでいった。もっともっと、彼らのことが知りたい。外から眺めているだけでなく、自分の足でその世界に歩み入りたい。北海道で自ら狩猟を始めて以来、想いは更に強まっていた。

彼らには、ポトラッチと呼ばれる風習がある。地域の人々を招待して開く大きなパーティーだ。主催者は宴に向けて、時に何年もかけて蓄財する。昔は、それを全て招待客に振る舞って一文なしになることもあったという。それが彼らにとって最大の名誉。所有することよりも分かち合うことが大切だと考える、彼らの価値観を象徴する習慣だ。だから僕は、次にキースのところに行く時は、自分にとって比類のない宝物をプレゼントしようと心に決めていた。それがこのナイフだ。1年半にわたる歳月と、幾多の眠れぬ夜を経て作り上げたナイフをキースに手渡す時、彼はどんな顔をするだろう。僕が憧れている世界への扉は開くのだろうか――。ところが、まさにその時を前にしてブレードに薄い曇りが残っていることが判明したというわけだ。

21時。遂にサンドペーパーの作業が完了した。休むことなく、研磨剤とボール盤を使って磨きをかけるバフがけと呼ばれる工程に入った。これが終われば完成だ。しかしながら、僕はバフがけが大の苦手だ。コツが摑めず、曇りはなかなか取れない。電動工具の強力なトルクにナイフを何度も弾《はじ》き飛ばされそうになり、肝を冷やす。先端が欠けてしまったら、それこそ取り返しがつかない。慎重に作業を進める。普段なら工場にいるはずもない時間となっても、F氏は何も言わずに待っていてくれた。キースとの体験談や、このナイフを彼のために作っているという話はF氏にもしていた。だから僕がどんな気持ちで最後の作業に臨んでいるのかを、汲み取っていたのだろう。

22時半。遂にナイフが仕上がったことを、F氏に告げた。彼は黙って僕からナイフを受け取り、ライトにかざしてチェックした。そして数箇所だけ軽くバフを当てると僕の手にそれを返し、深く頷いた。ギリギリで間に合った安堵感と、飲まず食わずのまま一瞬たりとも休まずに作業をしてきた疲労が押し寄せ、僕は放心状態に陥っていた。そんな僕を引き止めたF氏は、キースを訪ねる前に言っておきたいことがある、と話し始めた。

「狩猟もナイフ作りも全く同じ。鹿を何頭獲ったか、ナイフを何本作ったか、などはどうでも良い。肝心なのは、その鹿をどう獲ったのか、そのナイフをどう作ったのか。どんな時間を費やし、どんな想いを込めたのか、ということだけだ。よく頑張った。間違いなくこのナイフは、今のミキオのベストだ。そしてこれは、自分から見ても本当にいいナイフだ。胸を張ってキースにプレゼントしておいで」

遅い時間なのに思わず熱くなり、引き留めてしまって済まない、と謝るF氏に対し、僕はどう感謝して良いかも分からなかった。そして、出発直前に最高のエールをもらった幸せを噛み締めていた。

＊

新千歳→成田→カルガリー→バンクーバー→ホワイトホース。フライト時間を純粋に足しただけでも15時間近いが、時差の関係でホワイトホースにはその日のうちに到着してしまう。なんだかとても得した気分になるが、帰国時には同じく時差のおかげで1日損した思いを味わうのも、これまでの経験から分かっている。

2時間以上遅れたフライトを、キースは空港のロビーでずっと待ってくれていた。そこから更に車を走らせ、ようやく家に着いた頃には、既に日付が変わっていた。

深夜にもかかわらず、久しぶりの再会に話が弾む。日本からのお土産を次々に出してゆく。依頼のあった日本製の彫刻刀、日本酒、せんべい、米。なぜかキースの一家全員が大好きなきゅうりの漬物。最後に、ナイフ。1年半の時間をかけ、全て手作りで仕上げたことや、切っ先の鋭さにこだわったこと、ハンドルには自分で撃ったエゾシカの角をあしらったことなどを伝えた。そしてそれを作っている間、いつもユーコンの大自然やキースについて考え続けていたことも。

「俺の人生で、間違いなく最高のナイフだ」——大喜びするキース。一生の宝物として、常に腰にぶら下げておくと言ってくれた。全ての苦労が報われた瞬間であり、心の奥底から、かつて感じたことのない喜びの波が押し寄せた。最も大切なものを人に捧げよ、という彼らの教えの意味が少しだけ分かった気がした。


キースが無造作にジーンズのポケットから小銭をジャラジャラと取り出すと、その中から1ドルコインを選び、僕にくれた。ナイフのお礼だ。ナイフを貰ったのに何も返さないと、二人の関係が切れてしまうという言い伝えがあるためだ。お返しはなんでもいいそうだ。水鳥のルーン（和名はアビ）が湖に浮かぶデザインのコイン。通称ルーニー。ニッケルを銅メッキで覆った硬貨で、日本円に換算すると100円ほどだ。しかし、鈍く輝くこのルーニーは、僕にとって計り知れない価値を持つ、人生の金メダルだ。

鞘からナイフを抜いては収め、収めては抜いて悦に入っていたキースが、不意に真顔になり、僕に質問を投げかけた。

「ところでミキオ、ナイフ作りは誰に教わったんだ？」――僕は、F氏との狩猟やナイフ作

筆者が手作りしたナイフを持って喜ぶキース。全ての苦労が報われる

りの日々、そして出国直前に受けた訓話のことまで、F氏が僕にとってどれだけ大きな存在かを語った。キースはその話を黙って聞きながら、刃先に触れ、ライトにかざし、ためつすがめつナイフを吟味していた。

＊

1週間の滞在は、波乱万丈だった。いつも通り、山に入って野営をする。朝はワタリガラスの鳴き声で起き、遥か彼方の山頂付近にシロイワヤギの群れを望む。昼はヘラジカの痕跡を辿り、夜には焚き火を囲む。オオカミ、ヒグマ、トナカイ、あらゆる野生動物の生態や狩りの話、そして神話に耳を傾ける。

八輪駆動車のシャフトが折れて立ち往生したり、灌木の中に突っ込んでしまったバギーを全力でバックさせた結果、マシンごと宙返りして下敷きになったり。血の気が引いたが、密に茂る枝がクッションとなってくれて怪我はなかった。毎日がハラハラドキドキの冒険の連続で、数日間で日本にいる時の1年分くらい大笑いした。

あっという間に時は過ぎ、最終日。翌日は夜明け前に空港に行き、日本に向けて出発しなくてはならない。僕らはキースの工房に立ち寄った。木々の切り屑の香りを懐かしむ。いつも通り、床には彫りかけの巨大な丸太が身を横たえている。部族の物語と誇りを刻まれ、朽ち果てるまで何百年もの歳月を通して立ち続けるトーテムポール。だが、今はまだ深い眠りの中にある。

ナイフのお返しでもらった1ドルコイン「ルーニー」

作業場の片隅に、大きなズダ袋が置いてあった。そこには、冬の間にキースが罠で獲ったあらゆる動物の毛皮が入っていた。イタチ、キツネ、コヨーテ、オオヤマネコ。その中からキースがビーバーの毛皮を選び出し、僕に手渡した。極寒の冬、ビーバーが作ったダムの出入り口に罠を仕掛け、凍結した水面の下から引っ張り上げた獲物だ。丁寧に皮を剝ぎ、板に打ちつけて楕円形に整え、柔らかくなめしてある。長くしっとりとした毛並み。艶やかな栗色の光沢が目に眩しい。一目見ただけで、最高級の品質だと分かる逸品だ。キースは言った。
「これを、ミスターFに渡してくれ。あんなに素晴らしいナイフを貰ったのは生まれて初めてだ。それをミキオに作らせてくれた彼に、この毛皮と共に心からの感謝を伝えてほしい」

一瞬で背筋が伸び、鳥肌が立った。キースもまた、最も大切なものを捧げてくれたのだ。僕にとって本当に大切な男に。師と仰ぐF氏には極上の毛皮。実際にナイフを作った弟子には1ドルコイン。これでいい。もし逆だったら、僕の心がこんなにも強く揺さぶられることはなかった。これこそが、キースの敬意の表し方なのだ。

大切な贈り物を両手で受け取る。触れた瞬間から掌がふわっと暖かくなる。恭《うやうや》しく掲げ、僕は深々と頭を下げた。

キースにナイフを贈りたいという僕を、F氏は決して妥協するなと叱咤激励してくれた。僕は僕で、F氏の恩義に応えるためには、彼の名を汚すような代物を作ってはならぬと必死だった。そうやって作り上げられたナイフから、キースは一度も会ったことがないF氏の人となりを読み取った。鋭い切っ先、一点の曇りもなく磨き上げられたブレード、握りしめたハンドルの感触を通じて、キースはF氏と色々なことを語り合っていたのに違いない。僕が心血を注いだナイフを介し、両雄は間違いなくお互いを認め合い、堅く手を握っていた。相《あい》見《まみ》えずとも響き合う二人に、言葉はもはや必要なかった。

帰国後、F氏にビーバーの毛皮を手渡し、キースの言葉を伝えた。F氏もまた、キースがナイフを吟味したようにじっくりとその贈り物を味わった。表から裏から毛皮を眺め、柔らかい毛を撫で、顔を埋めて匂いを嗅ぐ。そして、とても懐かしそうな笑みを浮かべた。
まるで、長年会いたかった竹馬の友に、ようやく邂逅《かいこう》したかのように——。

＊

振り返ってみると、僕にとっての真のヒーローたちは、特に有名なわけでも、社会的地位が高いわけでもない。世間でもてはやされる「成功者」といったイメージとはかけ離れた、恬淡《てんたん》とした男たちだった。そんな彼らが与えてくれるとびきりの感動は、決してお金で買えるようなものではない。彼らは僕に、たくさんのかけがえのない学びと、新しい価値観とをもたらしてくれた。

実は僕は、いつの日かキースとF氏を実際に引き合わせたいと考えている。そのとき二人の間には、どんな化学反応が起きるのだろう。奇《く》しくも彼らは同い年。言葉は通じなくても即座に意気投合するに違いない。キースに北海道に来てもらうのか、F氏と共にユーコンに赴《おもむ》くのか。実現したら、どんな冒険が繰り広げられるのだろう。想像するだけで胸が高鳴る。まだ叶えていない、新しい夢だ。

そんな素敵なタイムカプセルがこの先の人生に埋まっていることが、僕の未来に鮮やかな彩りをもたらしている。

if/then

もしその時、もしあれが、もしこうなっていたら――。たくさんの「もし」で僕たちの日々は紡《つむ》がれている。何気なく歩いているだけでも、落ちている「もし」を拾い上げたり、降り掛かる「もし」を払っていたり。地面にポッカリと空いた「もし」を無意識に飛び越えることもあれば、そこに落ちたりもしているのだ。それにしても、あのときの「もし」は強烈だった。

＊

猟期4年目の11月末。薄く雪の降り積もった林道の前に車を停めてゲートを開けた瞬間、僕の目は地面に釘付けになった。大きな楕円形の足跡。よく見ると爪の跡もある。それが辺り一面についている。ヒグマだ。日本では北海道にしかいない、国内最大の陸上動物。大き

なものでは、鼻先から尻までの長さが2メートルを優に超え、体重は400キロ以上にもなる。最近は市街地まで出てきて、世間を頻繁に騒がせている。主な原因は生息数の増加で、他の熊によって山から追い出された弱い個体が人里に降りてくるからだと考えられている。また、向こうみずな若い個体が夢中で食べものを探し回った結果、知らず知らずのうちに街中まで入り込む例もあるという。山と市街地の緩衝地帯として機能してきた里山の荒廃や、ハンターの減少なども絡む、頭の痛い社会問題だ。

ヒグマは僕の憧れの動物であると同時に、手の届かない獲物だった。街に出るくらい増えているはずなのに、不思議と猟場では一度もヒグマに出会ったことがなかった。現在のヒグマの生息数の推定は1万頭強だ。一方、僕が普段撃っているエゾシカは、およそ70万頭。数字だけ見れば、鹿に100頭も出会えばヒグマを1回くらいは目撃しそうなものだ。しかし、現実は全く異なる。熊の足跡やフンはそれなりにある。いないわけではない。確実に彼らは、僕のすぐそばに潜んでいる。それでも見つけられない。

体の構造や習性の違いは、大きな要素の一つだろう。山の地面は、殆どが笹やシダなどの下草で覆われている。エゾシカは危険を感じた時、その中に屈《かが》むことはあまりしない。だから、下草が鹿の体高より低い場合は鹿の体はずっと目視できるし、胴体が見えなくても長い首が藪からひょいと飛び出ているのをよく見かける。一方、ヒグマはエゾシカよりは体高が低く、頭は前方に突き出している。身を隠す時はベッタリと地面に這う。大柄な個体であっても、深さ20センチほどの窪みがあれば完全に姿を消してしまうというから驚きだ。

そして忍耐力も凄まじい。ふと何かの気配を感じて立ち止まった時、完全に静止するのは、僕なら数分が限界だ。ところがヒグマはじっと息を潜めたまま何時間でも動かずにいられるそうだ。目には見えず、音も立てない。犬であれば鼻を利かせて探すことができるが、人間には無理だ。とにかく、ヒグマを獲る難易度はエゾシカの比ではない。

また、鹿と全く次元が異なるのが、その危険性だ。猛り狂った巨大なヒグマが、時速60キロで突っ込んでくる様を想像してほしい。硬く分厚い頭蓋骨は、斜めに入った銃弾を弾くという。心臓を撃ち抜かれても、何百メートルも走って人間の頭を胴体から叩き落とす力を十分に有している。ハンターの中にも、「絶対に会いたくない」「鹿は撃っても熊は撃たない」という人は多い。

しかし、僕が尊敬する二人の男、キースとF氏は共にヒグマを仕留めている。そしてその肉は、途轍もなく旨い。特に、とろける脂は絶品だ。芳香が口の中に瞬時に広がり、鼻腔を満たす。F氏の作業場にはいつもヒグマのハムがぶら下がっていて、たまにひと欠片くれる。それを噛み締めながら、その熊をどうやって獲ったのかを聞かせてもらう。些少《さしょう》な痕跡から行動を読む深い洞察に感動し、反撃してくるヒグマを寸前で仕留めた話には身が縮む。中でも特に面白いのが、失敗談だ。あの手この手で、まんまとハンターの裏をかいていく彼らの賢さには、ため息が出る。微かな人間の跡形から危険を察知し、それを迂回《うかい》する。尾行されていると感じれば、驚くようなテクニックを駆使して追跡を躱す。これまで数々の熊を獲ってきたF氏には、バリエーション豊かな逸話がごまんとあって、何時間聞いていても飽きることがない。

ふと気になって、熊という漢字の由来を調べてみた。400年以上前に書かれた中国の書によると、発音はユウで「熊は雄なり」と記されているそうだ。雄壮な獣だから、雄と同じ語源の言葉で呼ばれたと推察されるという。「能」の部分は、元々は熊を描いた図形だったそうだ。その字がやがて、粘り強い力や、任に堪えうる力、つまり現在における能力の能の意味に転じて使われるようになった。能の下に、火を意味する四つ点をつけて、「火のように勢いがあり、強い力を持つ獣」を暗示させる図形として熊の字が作られた。あらゆる能力に秀でた山の王者。野生動物への同化願望を持つ僕にとっては、尊敬の的だ。その熊と正面切って対峙する。ヒグマを獲るということは、ハンターとして一人前になるためのイニシエーションにも思え、いつの日か必ず、僕も自分で仕留めたいと願うようになっていった。

ヒグマは12月中旬から下旬になると、穴に入って冬眠する。その前に彼らは、長い冬を越すための体を作り上げなくてはならない。晩秋から初冬にかけては広範囲に歩き回り、必死に食べものを探す。夢中になるあまり、警戒心が薄くなりがちだ。実際に前の週、F氏は250キロの雄熊を仕留めていた。この時期のヒグマは脂の乗りも最高で、しかも獲りやすい。今を逃せば春まで姿を現してくれず、その頃には既に猟期が終わっていて、撃つことは許されない。最大にして最後のチャンス。僕は勇み立っていた。そこでこの日、熊がよく出るとF氏が言っていた林道に一人で入ったのだ。雪の上にベタベタとつけられた熊の足跡は鹿よりも多いくらいで、一度にこれだけたくさん見たのは初めてだ。林道は山の奥まで延びていて、車で入れる場所まで行こうと、再びエンジンをかけた。

途中、何か気になるものがあれば、車から降りて観察する。まずはヒグマが背をこする木。自分の縄張りを主張したり、繁殖相手を探すためだったり、色々な意味がある。樹皮にはヒグマの縮れた毛が何本も絡みついている。すぐ横に付けられた深い爪痕を見て、絶対にこんな手には叩かれたくない、という思いを新たにする。道路脇に落ちているフンの幾つかは、新鮮そうに見える。試しに棒でつついてみると、まだ完全に凍っていない。車から降りるだけでも勇気がいる。

笹藪の上に降り積もった雪が、そこだけ落ちている細長い筋を見つけた。何かが歩いた跡だ。幅から見て、ヒグマだと思える。実際、周囲には足跡も見られた。僕は意を決し、その筋を辿って歩いてみることにした。いつヒグマが飛び出てきてもおかしくない状況。普段の何倍もの時間をかけて、ジワジワと進む。30メートルほど進んで森に入った瞬間、異変を感じた。トドマツの奥。土が荒れているように見える。微かに獣の匂いがする。下手に身動きはできない。全身の感覚を研ぎ澄ませて、気配を感じ取ろうと集中する。どこだ。どこにいる——。すると地面から急に、2羽のミヤマカケスが飛び立った。落胆すると同時に安心感を覚える。カケスが下に降りていたということは、きっとヒグマはいない。

ゆっくりと近付くと、何か白いものが見えてきた。大きな鹿の角だ。唐突に土の中から突き出ている。間違いない。ヒグマが作った土饅頭《どまんじゅう》だ。熊は一度に食べきれない獲物に土を被せて隠しておく習性がある。話には聞いたことがあるが、自分で見つけるのは初めてだった。この下には鹿の体が埋まっている。ヒグマはそれを何度も食べに戻ってくるはずだ。

熊が食べ残した鹿を埋めた「土饅頭」。熊は再びここに戻ってくる

一度自分のものと決めた獲物に対するヒグマの執着心は強い。それを横取りしようとする者には容赦ない制裁を加える。１９７０年、日高山脈のカムイエクウチカウシ山で、１頭のヒグマが３人の大学生を殺害した「福岡大学ワンダーフォーゲル部ヒグマ事件」も、熊があさっていたザックを部員が取り返してしまったのが原因だったと言われている。急に服を剝ぎ取られたかのような寒気を覚える。さっきのフンもこの熊のものだろうか。だとしたらデカい。周囲を見渡すが、笹藪は濃く見通しは悪い。本当は木立を抜け、その先の沢筋や斜面なども見てみたいが、ここは条件が悪く、危険すぎる。やはり怖くてたまらない。しばらく迷ったが、追跡は断念することにした。

車に戻り、また走り出すと、更に大変なものを見つけてしまった。土手の下に、何か黒い物体が見える。冬のエゾシカの雄はかなり黒く見えるが、それとは違う。車の中にいても全身に緊張が走る。ゆっくりとドアを開け、車から降りる。わざと大きな音を立ててドアを閉めてみる。黒いものは微動だにしない。それでも恐ろしい。銃を向けたまま、歩み寄る。やはりそれはヒグマの死体だった。まだ若い。前日にハンターに撃たれて逃げた熊が、力尽きて倒れたのか。牙が剝き出しになった口からは少し血が出ており、薄く開いた目は正面を見つめていた。目ざといカラスにもつつかれていない。死んだのは昨晩とみた。ずっと待ち望んできたヒグマとのファーストコンタクト。こんな形で出会いたくはなかった。熊の体は地面に固く凍りつき、手の施しようがない。黙禱《もくとう》を捧げ、足早に立ち去る。

その後も日暮れまで探し歩いたが、結局、生きたヒグマに出会うことは叶わなかった。

呆気ない幕切れは、2日後に訪れた。同じ林道に夜明けと共に入りたいと、僕は深夜に家を出発した。前夜から降り始めた雪がうっすらと積もっている。熊の足跡がすぐに分かる絶好のコンディションだ、と期待感を高めながら車を走らせる。日の出の30分前。木々のシルエットが徐々に浮かび立ってくる。目的地まであと数キロに迫り、下り坂の緩いカーブに差し掛かった時。突然、後輪が滑り始めた。雪道を運転している時にはままあることだ。ここでブレーキを踏むのはかえって危険。完全にスリップしてしまう。落ち着いて逆ハンドルを切り、前輪を進行方向に向ける。いわゆるドリフト走行のような状態だ。しかし後輪は位置を戻してきた途端、今後は逆側に振れる。慌てて反対側にハンドルを切る。再び後輪は戻ってくるがまた逆側に振れ、それを繰り返しているうちに、振れ幅はどんどん大きくなってゆく。突如、車が回転を始めた。1・5トンの車体が、凍結したアスファルトの上で浮遊している。完全に制御不能な状態に陥った。周囲の景色がグルグルと回る。もうダメだ。覚悟を決める間もなく、車は舗装路から外れて路肩を転落してゆく。何が何だか、状況が全く分からない。グシャグシャという音は車体が凹《へこ》む音か木々が折れる音か。僕にできるのは、力一杯ハンドルに手を突っ張り、体をシートに押し付けることだけ。路上では水平方向の横回転だけだったが、斜面を落下することで縦回転も加わる。現実味はなく、あまり恐怖感もない。他人事のように「これは死ぬかもしれないな」と思った。そしてただただ、暗い森に飲み込まれていった――。

唐突に動きが止まった。カーステレオから流れてくる心地良い音楽。僕はまだ生きている。助かった、と思うと同時にようやく緊張感が押し寄せ、体が震え始めた。運転席を上、助手席を下にして車は横転していた。僕は左半身を下に、半ば宙吊りの状態だった。痛みは感じない。出血はなく、骨も折れていない。首の鞭打《むちう》ちもない。本当だろうか。体には、一切、何の問題もなかった。エアバッグが開いていないのは、そこまでの衝撃ではなかったということなのか。突然、脳裏に、転がった車が次の瞬間に爆発して炎上するアクション映画のワンシーンが浮かぶ。慌ててエンジンを切った。シートベルトを外そうともがくが、なかなか上手くいかない。ようやく解除に成功すると、ジャリジャリに割れた助手席側のドアガラスの上に落ちた。飲みかけのカフェラテがぶちまけられ、車内には甘い香りが漂っている。気を落ち着かせ、今からすべきことを考える。外に脱出したらそこは新雪だ。まず長靴を探して靴を履き替え、防寒具を着込む。続いて携帯電話を探す。画面に1本ヒビが走っているが、機能はしている。しかも完全に圏外にはなっていない。胸をなで下ろした。これで助けが呼べる。

基本的なライフラインは確保できた。さあ、車から出よう。上方の運転席のドアを開けよ

斜面を転げ落ちて大破した車。この〝相棒〟に助けられ、奇跡的に怪我はなかった

うとするが、蝶番《ちょうつがい》がダメージを受けたのか全く動かない。ならばフロントガラスを破ろうと、何度も蹴りを入れるが、びくともしない。再び運転席のドアに挑む。火事場の馬鹿力とはこういうことか。少しだけ隙間が空いた。そこに上体をねじ込み、背筋力でドアをこじ開ける。閉まろうとするドアを片手で支えながら車体の上に登り、地面に飛び降りた。脱出成功。銀幕のヒーローがよくやるアレを、自分がやる羽目になるとは思わなかった。

車は見る影もなかった。フロントバンパーは離れたところに吹き飛び、ボンネットはひしゃげている。北海道に赴任してすぐに40万円で購入した掘り出し物。4年と少しで6万キロを走った。幾度となく共に猟場を行き来した相棒。何時間も山から降りてこない主人を忠実に待ち、たくさんの荷物と肉を運んでくれた。悪路に埋まったことも一度ではない。そのたびに、小さなシャベルで必死に掘り出した。洗車は殆どしなかったが、愛着たっぷりの大切な車だった。無残な姿になりながらも最期まで僕を守ってくれたことに、感謝と謝罪の言葉をかける。切なさが押し寄せ、目頭が熱くなった。

斜面を上がって国道に出る。上から眺めると、車は路肩から距離10メートル、高低差3メートルほど落下していた。警察と保険会社に電話をかける。F氏にも、事故を起こしてしまったことと、体は無事であることをメールした。30分ほどで警察が駆けつけ、1時間後にはレッカー車が到着した。警察官もロードサービスの作業員も、現場に到着すると同時に、まるで同じリアクションをした。大破した車と僕を交互に見比べる。

「本当に怪我はないんですか？　骨はどこも折れてないんですか？」と聞く。「ええ、そうなんです」と頷きながら、僕はなぜか少し申し訳ない気持ちになる。

だがしかし、もし対向車が来ていたら。もし運転席のドアガラスを木が突き破っていたら。この記録を自分で書くことはなかっただろう。

気付くと、F氏からメールの返信が来ていた。

「山に行くな、という暗示だったのか。だとしたら、守られた、ということだね」

そうだった。今日はヒグマを狙いに来たんだった。

もしあのまま無事に猟場に着いていたら。

もし新鮮な足跡を追っていたら。

もし心躍らせながら引き金を引いていたら。

殺されるのは、僕のほう。交通事故とは別の形で、この世を去る運命だったのかもしれない。技術も経験も足りないまま、気持ちばかりが先行して熊を撃とうとする僕を、山神がまたしても諌めてくれたのだろうか……。


たくさんの「もし」で紡がれたロープの上で、僕たちは皆、綱渡りを続けている。一人のハンターが危うく命を落としそうになった一方で、山のヒグマはいつもと変わらない一日を送った。自分をつけ狙う者がすんでのところで挫折していた僥倖《ぎょうこう》を、彼らは知る由もない。

翌日から、雪は急に勢いを増した。熊はそろそろ冬ごもりの穴に入るだろう。ヒグマを獲りたいという僕の夢は、その年はもう届かぬものとなってしまった。

ヒグマ猟記

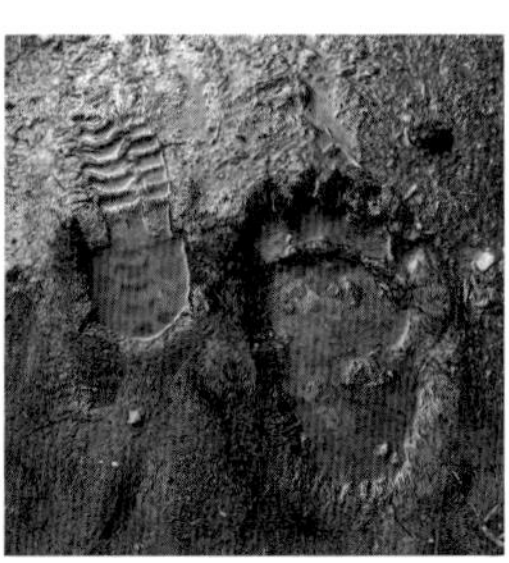

―序―

5年目となる猟期は、全身全霊でヒグマと向き合いたいと思っていた。前年、たくさんの足跡や鹿を食べた痕跡など、もう少しで手が届くまでに迫っておきながら、なぜあと一歩及ばなかったのか。車ごと道路から転落した日以来、ずっとそのことばかりを考えていた。仕事をしていても、友人と飲んでいても、ふとヒグマの姿が頭に浮かぶ。今どこで何をしているんだろう。どうやったら見つけられるんだろう。いくら考えても分からない。

ヒグマを撃った人に会うたびに、どうすれば獲れるかをしつこく聞いた。ところが、納得のゆく答えは返ってこない。

「狙って獲れるものではない」「鹿を追っていれば、いつか必ず出会う時が来るさ」といった意見ばかり。確かに、たまたまヒグマと遭遇する幸運に恵まれることもあるだろう。しかし常々、F氏が鹿猟と同様に口にしている「獲れた熊と、獲った熊は別物」という言葉は、既に僕の狩猟の根幹をなす金科玉条となっていた。ただ単に熊を撃ちたいわけではない。闇雲に歩いて出くわす偶然を待つのではなく、きちんとした読みの上で勝負したいのだ。

有害駆除で熊を獲っている人たちからは「ヒグマによる食害が起きている、デントコーン畑で待ち伏せするのがいい」というアドバイスも受けた。それも、僕の中ではピンとは来なかった。確かに出会う確率は高いかもしれない。しかし、山に軸足を置くと決めた自分が、畑で狩猟をするイメージが湧かなかった。

「贅沢は言わず、とりあえず最初の1頭は何がなんでも獲って、次からは自分が納得するやり方で獲ればいいのでは？」と薦められたこともある。しかし僕は、今は北海道に赴任してはいるが、いずれこの地を離れなくてはならない。仮にヒグマを獲ることができたとしても、それが最初で最後となる可能性も高い。悔いを残さないためには、1頭目からしっかりと納得できる獲り方をしなければ……。

そうやって悩んでいるうちに、一つだけ確かなことに気付いた。それは今まで、僕の真剣さが全く足りていなかったということだ。思い起こしてみれば、前の猟期にヒグマが多いエリアに行くようになったのは、熊猟のベストシーズンとされる11月に入ってからだった。ヒグマは憧れの存在、という僕の言葉は口先だけのものだった。彼らは、僕だけの都合でひょいと山に行って、あっさり獲れてしまうような相手ではないのだ。きちんと山に礼を尽くせば、山はいつか恵みを分けてくれる。キースやF氏に学び、自分でも理解していたつもりだったが、まだまだ浅かった。そこで僕は心を入れ替え、狩猟のオフシーズンも、そのエリアに通うことにした。

春には山菜。急斜面に取り付いてギョウジャニンニクを探し、木々の根元でアズキナを採った。日当たりの良い一角を淡い水色に染めるエゾエンゴサクの花園に心を奪われ、芽吹きから花を咲かせるまで8年もかかるカタクリの花を愛でる。

夏が来れば渓流釣り。竿ごと持っていかれそうになる魚たちの引きの強さは、驚愕に値する。糸を切られないよう、駆け引きをしながら釣り上げる。何度も通ううちに、狙い通りのところに一発で仕掛けを投げ入れられるようになり、どの瀬にヤマメがいて、どこの淵にイワナがいるのかも分かってくる。

秋の味覚であるキノコも堪能した。キノコは種類が多く、毒性の強いものも多い。気になるキノコを見つけるたびに、図鑑で調べる。すると徐々に名前を憶え、いちいち図鑑に頼らなくても判別ができるようになる。まるで、知り合いが一人ずつ増えてゆくような感覚だ。そして、生えたてのキノコを見つけると、どうなっているかが気になって翌週も見に行く。そして、こんなに大きくなったか、と成長を喜ぶ。旬のものに出会えば有難くいただき、朽ちてゆく様を見ると物悲しい気分になる。そうやって、山にひしめく小さな命の数々に感情移入していった。

帰り道では、必ずゴミを拾った。美しい山であっても、足元を見れば必ずげんなりするほどのゴミが落ちている。空き缶や菓子袋、吸い殻などは当たり前。テレビや冷蔵庫に風呂桶までが転がっていることもある。それらを見るたびに暗澹《あんたん》とした気持ちになる。山から恵みをいただいているのに、なぜ恩を仇《あだ》で返す真似をするのか。全てを拾うことは土台《どだい》無理なので、ポケットに入る分を回収することをルールとして自分に課した。地面から拾い上げた僅かな重量と同じだけ、僕の心も軽くなった。

それでも結局、熊の姿を見ることはできなかった。しかしたまに見る足跡に、彼らの確かな息遣いを感じていた。猟期ではなくても心がときめく。僕は山と交流を深め、親友になってゆくような気持ちを味わっていた。

2本目のナイフの自作にも力を注いだ。キースに贈った1本目と、デザインも素材も同じだ。サイズは僕の手に合わせて少し小さく作った。週末は山に出掛け、作業ができるのは主に平日の夜だけだったため、製作開始から2年以上が経過していた。ブレードを磨き上げながらずっと、これまで仕留めてきた獲物と、これから命をいただくであろう者たちに祈りを捧げた。もし熊を授かることができたなら、このナイフで納得のゆく止め刺しがしたい。追い込みをかけ、猟期が始まる直前に完成させた。

季節は巡り、10月1日。遂に狩猟の解禁日を迎えた。これまでは決まって、僕が所属する狩猟同好会の恒例イベントに参加して皆で溜池を回り、鴨を撃っていた。でもこの年は初日から一人でヒグマエリアを歩いた。とにかく、熊が冬眠する12月半ばまで、山に入れる日は全て入り、熊を狙うと決めたのだ。それが最低限の礼儀だと思っていた。

もう一つ心掛けていたのが、僕自身も山の生きものの一員として自然体であることだった。獲れる鹿が出れば、それを撃った。発砲音でヒグマは逃げてしまうかもしれない。それはそれで仕方がないと割り切った。山神が「持っていっていいぞ」と言っているような獲物が現れた時、それを敢えて無視するのは不自然に思えた。自分が山の命の環に入りきれていない違和感を抱えてしまう。一発の発砲音より、そうした内面の歪みのほうが、よほどヒグマを遠ざけてしまう気がしていた。

前日遅くまで残業すると、睡眠時間が殆ど取れずに山に入ることもある。夜明けと共に歩き始めるので、太陽が高くなる頃には猛烈な眠気が襲ってくる。そんな時は安全な場所を見つけて横になり、1時間でも2時間でも眠った。熊だって、寝たい時には寝るだろう。張り詰めた気持ちで歩くと同時に、敢えてリラックスして油断する時間も持つ。周囲の生きものと同調している気分になってくる。肩から力が抜け、山歩きが楽になる。食べたい時に食べ、出したい時に出す。

ヒグマが出したモノも、つぶさに観察した。ヤマブドウにドングリ。ジャリジャリに噛み砕いたオニグルミの殻だらけのフンもあった。あの固い殻を食い破れるのはエゾリスだけかと思っていたが、ヒグマは丸ごと噛み砕いてしまうのだ。なんと強靭《きょうじん》な顎の力。感激しつつも、噛みつかれたら一巻の終わりだと肝を冷やした。あらゆる内容物の中で、圧倒的に多いのがコクワだった。北海道の山に実る果物の中で、抜きん出て甘い。味はキウイフルーツそのものだ。ヒグマといえば豪快に鮭を食べているイメージが強いが、食べものの殆どを植物が占める。特に甘いものには目がなく、虫歯になっているヒグマも珍しくないという。そこで、コクワとヤマブドウが山のどこになっているかを念入りに見て回った。すると、実り方にも差があることが見えてくる。まだ硬いもの、ちょうど熟したもの、落ちる寸前のもの。斜面の向きによる日当たりが大きく関係しているのだろうが、そう単純でもない。とにかく、そろそろこの実はいい感じになるな、というポイントを押さえておく。

まだ雪のない10月。大きな足でふわっと落ち葉を踏むヒグマの足跡は分かりにくく、たまたま泥の上を歩いた時だけしか、明確には残らない。だから、くっきりとした足跡を見つけた時は嬉しいことこの上なしだ。肉球の窪みの先、土に食い込む5本の指と鋭い爪。熊が立ち去ったあとにもかかわらず、鮮烈なオーラをビリビリと感じる。うっかり上から踏んでしまった暁には、大変な失礼を働いた気持ちになり、慌てて飛び退《の》く。

足跡は貴重なだけに、そこから最大限の情報を引き出さなくてはならない。まずは前脚の幅を測る。15センチ以上であれば、確実に雄だと言われている。次に、少し離れた目立たないところを、靴で踏んでみる。どれだけの体重をかけると何ミリ凹むかを見て、熊の足跡と比べる。彼らの体重を予測しているのだ。また自分の足跡ならば、何日の何時に付けたのかが確実に分かる。翌日、1週間後と、風化の様子を観察しておく。すると、同様の環境で熊の足跡を見つけた時、それがどのくらい前に付けられたものなのかを導き出す助けとなる。

苦労しながら、僅かな手がかりを一つ一つ拾い上げてゆく。その過程で、痕跡にはムラがあり、要注意な場所と、そうでもない場所があると、徐々に感じ取っていった。もちろん、いつどこで出会ってもおかしくはない。緊張感を捨てることは自殺行為に等しいが、やはり、一見同じように見える山の中に、気配の濃淡は確実に存在していた。僕はそのリズムに合わせて歩くように心がけた。

忘れもしない10月16日。それが運命の日になるとも知らず、夜明け前にいつもの場所に車を停めた。辺りはまだ暗い。ナイフを下げたベルトを腰に巻き、銃をケースから取り出す。ザックの中身を確認しながらゆっくりと準備を進める。車のドアを閉めようと顔を上げると、鹿の姿を見つけた。雄だ。繁殖期を迎え、ガサガサと音を立てる僕をライバルだと思って警告しに来たのだろうか。日の出前なので発砲はできない。目が合うなり、軽やかな足取りで跳び去ってゆく。ターゲットは熊なのだから、と思いながらも少し残念な気持ちで後ろ姿を見送る。そして今日一日が、何かとタイミングがずれる日にならないといいな、などとぼんやり考えていた。

時計を確認し、日の出と共に歩き出す。少し歩くとすぐに、僕が当たりをつけているヒグマの要注意ゾーンに入る。一歩一歩、足裏が地面につく1センチ前からスピードを緩め、積もる落ち葉をゆっくりと踏む。カサリ、とも音を立てないように心掛けるが、完全な無音にはなってくれない。枯れ枝などを踏み折った日には、もうそれだけで遠くの熊が逃げ出してしまったような気持ちになる。

ヒグマは耳も鼻も優れているが、目はあまり良くないという。人間は圧倒的に目に頼る生きもので、もちろん僕も目で獲物を探してきた。ところが困ったことに、ここ数年で視力が落ちてきた。生まれてこのかた両目とも1・5で、視力が悪い人の気持ちが分からなかったが、今では小さな文字を読んだり、暗い場所でものを見たりするのもしんどい。

しかし眼鏡をかけると行動に制限が生まれる気がして、この猟期はなんとか裸眼のままで山を歩きたいと思っていた。視覚が衰えつつあるならば、他の感覚を研ぎ澄ませて補えばいい。ヒグマになったつもりで鼻をひくつかせ、耳をそばだてる。目は少し細めて広い範囲を均一に網羅する。読書に例えると、一言一句を詳細に追うのではなく、ページ全体を一度に眺めて大意を把握するような読み方、といった感じか。

不意に獣の匂いを感じ、我知らず足を止めた。緊張を抑え、目を瞑って鼻に意識を集中させる。ヒグマの匂いは嗅いだことがないが、きっとこれとは違う。この匂いは繁殖期の雄鹿のものだ。匂いの強さからすると、30分以内にここに留まってしばらく草でも食べていたか、或いは数分前に道を横切ったかだろう。立派な角を生やした雄鹿が首を振り、悠々と闊歩する姿が思い浮かぶ。目を開けると、足元には大きな二股に分かれた新鮮な足跡があった。間違いなく雄鹿だ。悪くない。動物としての自己が覚醒しているのを感じる。体の奥底に眠っていた、命の気配を感じとる探知機。畳まれていたパラボラアンテナの襞が徐々に伸ばされ、ゆっくりと広げられてゆく。

分岐に差し掛かる。迷う。上か、下か。前の週。下の林道には子熊の足跡がついていた。上の林道には真新しい大人のフンがあった。薄い緑色をしていて、内容物はほぼ100パーセント、コクワだった。今年の実りは芳しくないと数日前の新聞に出ていた。確かにコクワの蔓は頻繁に見かけるが、果実にはなかなかお目にかかれない。その中で、よくぞここまでコクワばかりを探し出して食べるものだ。よっぽど好きなんだろうな、と思う。そして僕は、そこから林道を少し上がったところに、僅かに残っているコクワの実を見つけていた。ちょうど食べ頃になっていることだろう。

今まさにこの瞬間、ヒグマはどこで何をしているだろうか。夜のうちに広い範囲を動き回り、明るくなると少し奥に身を隠して体を休める。沢筋から斜面を登り、最後にコクワをちょっとつまんで眠りにつくヒグマの姿が心に浮かぶ。僕は分岐を上に行くと決めた。

―撃―

斜面に生い茂る、深緑のシダの中。不意に、真っ黒なものが蠢《うごめ》いているのに気付いた。特有の、ぼっこりとした肩の盛り上がり。一瞬でそれと分かった。こんなにも、黒いのか――。

僕は、コクワが熟しているであろうポイントに向かい、斜面を登るルートを取りながらも、意識はかなり谷側に向けていた。その斜面には、よく使われている獣道が森の中を縫うように通っているのを知っていた。ヒグマはそこを登ってくるイメージがあったからだ。ヒグマは、まさにそこにいた。体は横向き。頭は下げていて見えない。下半身も草に隠れており、僕から見えるのは太い首から肩口のみ。あまり大きくはないが、子供でないのは確かだ。こちらには全く気付いていない。距離は50メートル弱。千載一遇の好機だ。体が自然に動く。地面に腰を下ろして左膝を立て、その上に左肘を置いて銃を構える。スコープの中には太く真っ黒な首筋。あとは引き金を引くのみだ。

射程圏内とはいえ、少しでも手元が狂えば致命傷を与えることはできない。この距離からヒグマが全速力で飛び掛かってきたとすると、次の弾を込め直し、発砲が間に合うかは微妙だ。仮に撃てたとしても、銃弾は頭蓋骨や頸椎などの中枢神経を正確に破壊する必要がある。そうでない限り、死に物狂いの熊の勢いは止まらない。しかし、激しく動く小さな標的に弾が命中する可能性は限りなく低い。だとすると、僕はヒグマの突進を全身で受け止めることになるだろう。あとはナイフを抜いてどこまで抵抗できるかだ。出血多量で熊が意識を失うのが先か、僕の首が飛ばされるのが先か。

　でもその時は、そんなことは一切考えなかった。完全に平常心で落ち着いていた。弾を外す気も全くしなかった。ヒグマを狙うと決めて以来、死にたくないと思う一方で、思い定めたことをやらずして本当に悔いは残らないのか、という自問自答を繰り返してきた。どうやら際限ない逡巡《しゅんじゅん》の中で恐怖心は徐々に角が取れてすり減り、既に処理が終わっていたようだった。ヒグマを目で捉えてから狙いを定めるまで、10秒もかかっていなかっただろう。明鏡止水の心持ちとはこのことか。心拍数も上がらないままに、撃鉄が雷管を叩く。30グラムの銅の弾頭が、秒速600メートルで漆黒の標的に吸い込まれていった。

「ヴォオオーッ！」凄まじいしゃがれ声が響き渡る。かなりの致命傷を与えた手応えがあった。しかしヒグマはその場では倒れず、斜面を駆け降りていった。すぐに次弾を装塡し、射撃姿勢を保ったままで見守る。

　すると、熊が消えた方向から、新たな黒い影が飛び出た。スルスルと木を登って行く。子熊だ。小さい。今年生まれの当歳子《とうさいご》だ。このとき僕は初めて、自分が撃ったのが子連れの母熊だったと知った。何とも言えない苦い思いが込み上げる。冬穴に母親と入る当歳子は、自分だけの力では冬を越せない。一度引き金を引いたからには、責任は全て僕が取らなくてはならない。つまり、仕留めるからには、きっちりと最後までやり切ることだ。

「もし雌を撃ったのなら、子っこまで全部撃て」とF氏からも言われており、実際に彼自身もそうしていた。御免。銃の向きだけを変え、発砲する。幹を抱える力を失った子熊が、スローモーションのようにズリズリと下がってゆく。トスッと地面に落ちる音が軽い。その軽さが、逆に重く心にのしかかる。

視界から熊の姿が消えた。走り去った母熊はどこに行ってしまったのか。探さなくては。そう思った瞬間、不意に動悸が速くなり、足が震え始めた。無我の境地で自動的に動いていた体に、平常通りの感覚が舞い戻ってきたのだ。

手負いのヒグマほど危険なものはない。瀕死の重傷を負いながらも巧みに身を隠す。最後の一撃を食らわせる力を温存しながら、じっと追手を待つ。ヒグマ猟における死亡事故の典型が、手負いにした熊を追跡する中で反撃されたというものだ。書籍や、諸先輩方から散々聞かされてきた恐怖のエピソード。それをまさに今、自分がリアルに追体験しようとしているのだ。怖くないわけがない。しかし撃った獲物にとどめを刺し、肉を回収するには、見失ったヒグマを探す以外に方法はない。

肚を決めて立ち上がる。5センチ進んでは、そこから見える全てを確認する。少し遠ければスコープで丹念に覗く。一瞬、下の方から微かなヒグマの唸《うな》り声が聞こえた気がした。致命傷を負った母熊の最期の喘《あえ》ぎなのか。或いは木の上から落とした子熊が呻《うめ》いているのか。頭から爪先まで、全てを感覚器官として研ぎ澄ませ、じりじりと進む。口の中がカラカラに渇いて、唾もうまく飲み込めない。

不意にガサッと音がした。母熊が襲いかかってきたのかと思い、咄嗟《とっさ》に銃を構える。すると、新たに子熊がもう1頭、トドマツを登ろうとしていた。太すぎる幹にうまくしがみ付けない子熊は、落ちそうになりながらも懸命に上を目指している。座っては藪が邪魔で見えないので、僕は立ったまま狙いを定めた。子熊が動きを止める。スコープ越しに目が合う。まだあどけない可愛らしい子供が、恐怖に怯《おび》えた目で僕を見つめる。

「なんでこんなひどいことをするの？　僕たちがどんな悪いことをしたの？　もうやめて。どうか堪忍してください……」。その目が切々と訴えかけてくる。今まで、こんなに苦しく、重かった引き金はない。いつもは、獲りたい、食べたい、という思いで引くのを、このときばかりは責任感のみで無理矢理に引く。糸を切られた操り人形のように、関節がカクカクと不自然に曲がりながら落ちてゆく子熊。心が、熊の爪で掻きむしられたかのように引き裂かれる。トドマツの根元に転がった小さな体は、ピクリともしない。苦しみの時間が短いままに逝《い》ってくれたのが、せめてもの救いだった。

完全な静寂が訪れた。鼓膜が微かに震えるのは、僕が一歩を踏む時だけだ。音がしないからといって油断はできない。それどころか、今か今かと息を殺して僕を待つ母熊の像が、脳内で巨大化してゆく――。

爛々《らんらん》と光るヒグマの眼は、僕の動きを完全に捉えている。それなのに、僕の五感は全くその存在に反応していない。すぐ足元に潜んでいるにもかかわらず、僕は彼女に気付かずに先に進む。無防備な後ろ姿を晒した瞬間、背後からゆらりと立ち上がる黒い影。彼女は大きく息を吸い込み、最期の咆哮を上げると共に、狙いすました渾身の一撃を、僕の頭に振り下ろす。

勝手に膨れ上がる恐怖は、留まることを知らない。僕の網膜はしっかりと光を捉えているはずなのに、一寸先も見えない暗闇の中を手探りで歩いている気分だ。想像力のスイッチを、今だけでもオフにできたらいいのに。見えない熊は、それを許してくれない——。

1メートルを進むのに何分をかけただろう。数十メートル先、ようやく地面に横たわる大きな黒い塊を見つけた。全く動かない。腹や背中を見ても上下はしていない。いくら死んだふりをしていても、呼吸を止めることはできないはずだ。そばに落ちていた枝を投げてみる。ゴツンと頭に当たるが、反応は皆無だ。でも怖い。ヒグマはどこまで死を演じられるのか。狩猟を始めて5年。きっと何度もニアミスを繰り返しているであろうに、完全に存在感を消し去って僕をやり過ごしてきた彼らの能力は、端倪《たんげい》すべからざるものがある。

揺るぎない確証を得る方法がひとつだけある。もう一発、弾を撃ち込むのだ。さすがの熊も、無反応ではいられない。熊を捕獲する時にはよく使われる手だ。でも、それはやりたくなかった。肉のダメージを最小限に抑えたいだけでなく、そのような無礼を働きたくない、という強い想いがあった。

立ち上がったヒグマにそのまま襲われないよう、後ろから近付く。弾を装填したままの銃で、そっと触れる。反応はない。続いて少し強くつついてみる。やはり微動だにしない。慎重に前に回り込む。熊の鼻先にかかった落ち葉をしばらく見ていても、そよとも動かない。さすがに大丈夫だろう、と判断した。

まずは弾の入りどころを確認する。首の右側の付け根に弾痕を見つけた。その場で倒れなかったので、頸椎を破壊したわけではないのだろうが、狙い通りに入っていた。

静かに横たわるヒグマ。計り知れない力を持つ、山の王。敬虔《けいけん》な気持ちでしげしげと眺める。強さとは、即ち美しさであると、改めて実感する。美しきヒグマたちの命は散った。だからと言って僕は、彼らの強さを手に入れたと言えるのだろうか。遠くに逃げればいいものの、母のそばを離れず僕に撃たれた子熊。命乞いをする目が、頭から離れない。流すことの許されない涙がこぼれそうになり、歯を食いしばる。

こんなことではいけない、と気を取り直す。悲しみに暮れている場合ではない。獲ったからには、必ずやこの肉を美味しいものに仕上げなくてはならない。

すぐに血抜きに取り掛かる。首の根元を探ると、毛は思っていたよりも柔らかい。保温性は高く、中に手を入れると熱いくらいだ。胸骨の上の窪みを探り当てる。皮は、鹿よりも分厚く硬いのだろうか。一息にナイフを刺す。肩透かしを喰らわされたかのように、何の抵抗もなく、スリッと刃が飲み込まれていった。心臓から肺に繋がる太い動脈を切るのは、鹿の

撃ったばかりの母熊。毛は思っていたよりも柔らかく、体に触れると熱かった

放血と同じはずだ。しかし巨体の奥の血管に、切っ先は到達するだろうか。刃が届く限り、奥まで差し込んだ。血の通る隙間を開けると、温かな奔流が溢れ出す。流れが緩やかになり、止まる頃には、血に染まった僕の手も徐々に冷たくなっていた。2頭の子熊にも、同じ処置を施す。大丈夫だ。十分に血も抜け、これできっと旨い肉になってくれるに違いない。安堵感と重い精神的疲労が押し寄せ、母熊の隣に座り込んだ。

ここまでしてもまだ、実感は湧かない。目が覚めたら全ては夢だった、ということはないのか。母熊の爪を撫で、弾力のある肉球を触る。大きな掌。雄に比べたら小さいのだろうが、僕にとっては十二分に巨大だ。彼女と手を繋ぐ。爪の先は思ったより尖っている。冬眠用の穴を掘ると先端がすり減るというが、まだ時期ではないからか。

毛皮に顔を埋めて大きく息を吸い込む。トドマツの爽やかな香りと、穀物蔵のような懐かしい匂いが胸一杯に広がる。そんなに強くはなく、不快感もない。これがヒグマの匂いか。心に留めようと、体中をくまなく嗅いでゆく。毛の薄い腹からは小さな乳首が覗いていた。これまでも、張りのある雌鹿の乳房を吸ってみたことはある。鹿の乳は、ほんのりと甘かった。子熊たちは一体どんな味の乳を飲んできたのだろうか。出産から半年以上経った母熊でも乳は出るのか。乳首を咥え、吸う。出ない。もっと強く吸ってみる。しかし残念ながら、いくら吸っても一滴も出なかった。

――解――

大人1頭に、子供2頭。3頭のヒグマを前に立ち尽くす。これまで、何度も頭の中で解体のシミュレーションを繰り返してきたが、自分でヒグマを解体した経験はない。自分なりにやってみることも不可能ではないが、最も値が張る胆嚢《たんのう》、いわゆる熊の胆《い》や、高級珍味の掌を上手に外せるだろうか……。最大限に恵みを享受するために、背に腹は代えられない。僕はF氏に連絡をとることにした。

早朝なので、まだ寝ているに違いない。そう思いながらも、携帯電話の電波が通じるところまで山を降りた。電話をかけたが案の定、出ない。しかし数分後に折り返しの電話があった。状況を説明すると、内臓は出すな、絶対に銃を身から離すな、と念を押される。ヒグマはヒグマの肉を好むともいう。そして彼らの嗅覚は、絶対に侮《あなど》れない。また繁殖期を過ぎても尚、雌熊には雄が付き纏っている可能性があることを急に思い出す。慌てて下ろしていた銃を肩に掛ける。F氏は「すぐに行く」と言ってはくれたものの、到着までは3時間以上かかるはずだ。その間、自分でやれることをやらなくては。どこまでできるかは分からないが、僕は自力で熊を山から下ろすと決めた。

まずは一旦、車まで戻った。いつも積んであるストックを2本取り出す。獲物を引っ張る時、ストックにも体重をかけて、足だけでなく腕の力も推進力とするためだ。

再びヒグマたちの元に戻る。まずは、最も大変な母熊から運ぶことにした。鹿を引きずるのに使う、スリングと呼ばれる平打ちのロープを輪にしたものは何本か常備してある。1本でヒグマの両前脚をしっかりと束ねる。もう1本を8の字状にクロスさせ、襷《たすき》のように両肩にかける。2本のスリングを繋ぎ、全体重をかけて引っ張る。後脚、顎先、銃の先端と、熊も僕も色々なところが木の幹や枝に引っ掛かる。ちょっとした窪みに熊の体がはまる。問題を一つ一つ解消し、数メートル進んだ頃にはもう汗びっしょりだ。

木が少しまばらになったところまで出た。落下するラインを予想し、斜面の下に向かって熊の体を全身で押してひっくり返す。転がり始めはゆっくりだが、勢いが付くと止まらない。完全に脱力した体が、木々にぶつかりながら落ちてゆく。撃った獲物が急斜面の途中に引っ掛かってしまった時など、狩猟をしているとたまにやらざるを得ない作業だ。痛々しく無残な姿。先ほどまで生きていた尊い命を物として乱雑に扱っている気分になってしまい、何度やっても慣れることがない。

斜面の下まで落ちた熊。そこから密集した笹藪を漕ぎ、林道に出すまでの数メートルは、困難を極めた。内臓を出せばかなり軽くなるはずなのだが、他の熊に襲われるリスクを冒すわけにはいかない。

車までの林道は、粗い砂利が敷かれている。急な登りはないが、多少のアップダウンはある。ここからはストックの出番だ。体を極限まで傾ける。ラグビー選手がスクラムを組むような超前傾姿勢で、全身の力を前方への推進力とする。少しでも滑りを良くしようとブルーシートを地面に敷き、その上にヒグマを乗せて包む。すぐにあちこちがはみ出てしまい、頻繁に包み直さなくてはならないが、ないよりはましだ。

振り返ると、枯れ葉で覆われた林道には土が露出した黒い筋が出来ていた。もし猟場でそのような筋を見つけたら、ヒグマが鹿を引きずった跡だと思うだろう。しかしF氏が言うには、彼らは軽々と鹿を咥え上げて運ぶそうだ。この時点で僕の足腰は既にガタガタ。ヒグマの力強さを思い知った。

未曽有《みぞう》の苦役。襷掛けにしたスリングが両肩に深く食い込み、強い痛みを感じる。その疼《とう》痛《つう》が僕を覚醒させてゆく。

熊の分まで生きなくては、という感情が強く湧き上がる。辛くはあるが、それも狩りが成功したからこそだ。ようやくどこかに置き去りになっていた喜びの感情が、僕の心に追いついてきてくれた。憧れのヒグマを、本当に獲ったんだ。しかも、自分が思い描いていた通りの最高の獲り方で。山神は遂に、僕にかけがえのない贈り物を与えてくださったのだ。徐々に気持ちが高揚してくる。滝のように流れ続ける汗は塩分を増し、目を開けられないほどに沁みるが、全く気にならない。ひとり雄叫《おたけ》びを上げながら、獲物を引っ張り続ける。

どうにか林道のゲートまで母熊を運んだ。体は疲弊し切っているが、ここで休んでしまうと、気力が続かない気がした。走るように子熊たちの下に戻る。子熊は1頭ずつ担いで運んだ。親子3頭を運ぶのに3往復。荷物のためにもう一度で、合計4往復。結局、一人で全てを山から下ろした。一体なぜそんなことが可能だったのか、どこからそんな力が湧いたのか、今もよく分からない。

最後の復路。車が見えてきたところでF氏の姿が目に入る。固い握手。よくやった、おめでとう、とF氏の太い指と分厚い掌が、僕の手を包み込む。自分のことのように喜んでくれる笑顔を見て、少しだけ恩返しができた気持ちになった。

実はまさにこの前日、とても不思議なことが起きていた。ヒグマ猟についてF氏とのメールのやりとりをする中で、「今年は必ず良いことがあるよ」と言われていたのだ。あたかも、僕がヒグマを仕留めるのを予知していたかのように。前の年は、まだ無理だろうと思っていたそうだ。彼の予想通りに僕は熊を獲ることができなかった上、車の事故で命を落としかけた。ところが今年は、そろそろこいつは熊を獲るぞ、と強く感じていたという。どういうことだろう。リアルに山神と響き合っているとでもいうのか。この人にだけは、絶対に敵わない——。そう思えたことがまた、気持ち良い。追いかける背中は大きければ大きいほど、意気込みは増す。そんな師に出会えたことが、最高に幸せだ。

Ｆ氏の見立てでは、母熊は推定８歳。体重は１４０キロ。そのままでは大きすぎて車に乗せられない。まずは内臓だけを山で出し、少し軽くなった熊を車に乗せ、皮剝ぎや解体はＦ氏の作業場に移動してからゆっくり行うことにした。肛門を抜き、結紮《けっさつ》する。次いで腹を裂く。胸骨は柔らかく、Ｆ氏はノコギリも使わず、ナイフだけで割ってしまった。

内臓の中で真っ先に取り出すのが胆嚢だ。昔は、金に近い高値で売れたとも聞く万能薬。乾燥させると硬くて真っ黒になるが、体内にあるそれは鮮やかな黄緑色の液体で満たされた柔らかい袋だった。ちょっとでも手荒に扱えば破れてしまうそうだ。レバーにしっかりと癒着しているために胆嚢を優先し、レバーの一部を少し胆嚢につけて切り取る。すぐに胆管の先端を麻紐で縛る。「絶対に忘れたり失くしたりしないよう、今のうちに車の中に吊るせ」と言われ、すぐに車に戻って、サンバイザーにぶら下げた。

胃を開けた時は衝撃だった。中身は全部、真緑のコクワ。むせかえるような甘い香りが立ちのぼる。腸から肛門までも、緑一色。前の週に林道上で見た緑色のフンは、やはりこの雌のものだったのだと確信した。これだけいいものを腹一杯食べていれば、肉は必ずや旨いだろう。レバー、胃、心臓などの内臓も取ってゆく。子熊の腹も裂く。小さいが、きちんと胆嚢も取り出すことができ、大小3つの熊の胆を手に入れた。

続いていつもの通り、首から気管を取り出す。すぐそばのカエデの枝に、三つ並べて掛けた。手を添えて目を瞑り、彼らの再生を祈る。そして心の中でユーコンのキースに「遂にやりました」——と報告した。

ヒグマの胃を開けてみると、甘いコクワではち切れそうだった

腹を出した熊は先ほどに比べればとても軽くなったが、それでも車に積むのには苦労した。後部座席をフルフラットに倒し、ブルーシートを敷く。F氏が車内に入り込んで中から熊を引っ張り上げ、僕は車の外から尻を持ち上げて押し込む。親子3頭を積むと、ラゲッジスペースは熊で満杯となった。

最後の最後にもう1往復、F氏と共に熊たちがいた場所を見にいった。一体彼らはあそこで何をしていたのか、現場検証を行うためだ。

母熊は頭を下げていた。地面を嗅ぎながら、落ちた木の実でも探していたのだろうか。しかし、コクワやヤマブドウの蔓は見当たらない。トドマツが並ぶ林の中、キノコも生えていない。F氏が見つけたのは黒い土が大きく露出した地面。繁殖期で気が立っている雄鹿が角で掘り、土を浴びたものだという。この時期の雄鹿は恐れを知らず、ヒグマにとっても侮れない。だから警戒してその匂いを確認していたのだろう、というのがF氏の推理だった。

午後、我々はF氏の作業場に到着した。まずは毛皮の洗浄だ。母熊の手首にスリングをかけ、F氏がフォークリフトで吊り上げる。こうしてみると、本当に大きい。高圧洗浄機で毛についた泥を洗い流す。熊を吊るしたまま、屋内にフォークリフトを入れる。F氏がフォークを更に高く上げると共に、僕がヒグマの下半身を持ってテーブルに乗せる。フォークを少しずつ下げながら下半身をずらしてゆくと、熊が仰向けで天板の上に横たわった。

続いて皮を剝ぐ。難しいのが肉球の部分だ。掌の中心、人間の手で言うと中指と薬指の間に向けてナイフを入れ、肉球のところで止める。そして肉球に沿って切れ目を入れ、左右に皮を開く。手首の腱を切り、掌を外すのにはコツがあり、苦労した。真っ白な脂肪と真っ黒な肉球のコントラスト。凄まじい迫力だ。何日もかけて少しずつ煮る間に、この黒い皮が剝がれてくるそうだ。何ともはや手のかかる食材だ。後脚はより肉球が大きい。踵までが1枚

F氏に教わりながらヒグマを解体する。あらためてその大きさに驚く

のパッドのようになっている。こちらも肉球の際《きわ》にナイフを入れ、アキレス腱の部分を切って外す。

皮剝ぎを進める中で意外だったのが、鹿よりも皮が薄く繊細なことだった。内側から毛根が透けて見えている。穴を開けないよう、細心の注意を払いながら作業を進める。半身の皮を剝ぎ終わると、反対側にひっくり返す。同じ作業を繰り返し、全ての皮が剝けた。そして、脚を4本、背骨周り、バラ、ネックに頭部と、大バラシを進めてゆく。

途中、小さな肉の切れ端を口に入れてみて驚いた。鼻に抜ける香りはナッツそのもの。香ばしい木の実の風味なのだ。コクワにヤマブドウ、ドングリなどをたくさん食べてきたからなのか。鹿とはまた違った、異次元の旨味だった。

毛皮はとても腐りやすい。作業の途中でホームセンターに行き、塩を5キロ調達した。大量の塩をまぶして大きなビニール袋に入れる。翌日にはなめし業者に送る予定だ。子熊たちも同じように、掌を綺麗に取り、毛皮を剝ぐ。

解体をほぼ終えて一息ついた頃、狩猟同好会の面々が集まってきた。今まで僕は、熊肉といえば貰うばかりだったが、初めて自分が分配する側に立つことに嬉しさと誇らしさを覚えた。F氏には前脚1本とバラ肉を差し上げる。いつものハムを作ってくれるという。

熊の胆も、F氏が預かってくれた。ある程度干したら、潰しながら平らに仕上げていくのだが、袋を破かずに完成させるのがとても難しいそうだ。こちらは、完成に2ヶ月近くを要し、出来上がるのは年末になる。耳かき1杯分くらいの少量を切り取り、湯に溶かして飲む。一度飲ませてもらったが、べらぼうに苦い。良薬口に苦しとは、まさにこのこと。上手に仕上げると、湯に落とした熊の胆の欠片がなぜか、すーっと泳ぐらしい。

肉を切り分け、僕は獲った本人の特権として、ロースやモモ、ハツなどを確保した。集まった皆へのお裾分けを終えると、時刻は20時を過ぎていた。F氏に感謝を告げるや否や、そこから普段お世話になっている方々に熊肉を配りに車を走らせた。僕がヒグマを追っていることは皆知っていて、祝いの言葉をかけてくれた。

この日は午前3時出発で動き出し、昼食はおにぎりが2個だけ。夕食はまだ食べていない。最後の7軒目、友人がオーナーシェフを務めるイタリアンレストランに辿り着いたのは23時近く。空腹は限界を迎えていた。店を閉めて翌日に向けて仕込みをしている彼に我儘《わがまま》を言い、仕留めたばかりの熊のロースをひと切れ焼いてもらう。待つ間に、またヒグマ猟の話。腹が鳴る。焼き上がった熊肉ステーキに2人で喰らいつくと、脂が口の中でとろけて広がる。これだ。この芳醇な香りこそが熊の醍醐味だ。オーナーが気を利かせて添えてくれたノンアルコールビールで乾杯する。旨い旨いと笑いながら囲む食卓。命をくれたヒグマは、こうしてこれから僕の大切な人たちを笑顔にしていってくれることだろう。

帰宅後、銃を掃除してナイフを研ぎ直すと、時計の針は午前1時を回っていた。そのままベッドに倒れ込み、気絶するように眠りについた。

―結―

翌朝。というより2時間後の深夜。セットしておいたアラームが鳴り響いた。布団が鉛のように感じる。体は更に重く、あらゆる関節と筋肉が悲鳴を上げている。うつ伏せになり、両手を突いて起き上がろうとするが、酷い眩暈《めまい》を感じて頭が上げられない。土下座のような姿勢で貧血が治るのを待つ。しばらくしてようやく、フラフラと立ち上がった。茫洋と散らばる意識の欠片を拾い集め、思考回路に火を入れる。

よし、今日も熊を撃ちに行くぞ。

今猟期、ヒグマが冬ごもりの穴に入るまで、山に入れる日は全部入る――これは、心に決めていたことだった。全部だ。だからこそ、熊を撃った翌日が本当に大事だと思っていた。熊が獲れたからといって、疲労困憊だからといって、誓いを破るようなことはあってはならない。何年もかけて、ようやく少しだけヒグマの後ろ姿が見え始めたのだ。ここで自分を甘やかすようでは命をくれた彼らに失礼だし、山神も二度と微笑んではくれないだろう。昨日獲ったヒグマの肉は、その日のうちに希望する全ての人の手に渡った。そして熊肉を食べたいという声は他からも上がっている。ならば選択肢は一つしかない。

まだ暗い中、朝霧に包まれた林道のゲートが山神の社《やしろ》への入り口に見えてくる。鳥居をくぐる時のような厳かな気持ちで一礼し、前日と同じく日の出と共に歩き始めた。さすがに体が疲れているのは否めないが、最初から緊張感は全開だ。ヒグマにとって、僕の疲労度や体調なぞ与り知るところではない。まずは、内臓を出す作業をした辺りを丹念に観察する。嗅覚の鋭いヒグマ。僕らが現場を去った直後からその場所に来ていたかもしれないし、それどころか、作業する我々を藪の中からじっと見ていた可能性さえある。しかし、新しい足跡はなく、地面が荒らされた様子もなかった。

親子熊を仕留めたポイントに差し掛かる。ここも血の匂いがついているはずだ。用心深く歩を進める。24時間前に熊が吼《ほ》え、転がり落ちていった斜面は、微かな涼風にシダが緩慢に揺らいでいるだけ。あまりに静かだ。僕は本当に、昨日ここで熊を撃ったのだろうか。

林道を進んでいるうちに天気予報通りの雨が降り始め、山の中腹まで来た辺りで本降りになった。視界も悪く、銃も錆びる。やむを得ず引き返すことにした。

この日、熊はおろか鹿の気配もなかった。しかし、それでいい。山に行かない限り、撃った翌日に熊はいなかったという事実さえ確認できない。また、自分の心境や歩き方はどう変化するのか、或いは何も変わらないのか。そうしたことはこの日にしか感じ取れないのだ。

これからも可能な限り山に入るが、ヒグマ猟の成功がたとえ一度だけだったとしても、僕は十分に幸せだ。なんとか、滑り込みで間に合ったのだから。急激に低下している視力。それでもヒグマを見つけられた。筋肉量は全盛期に比すべくもない。なのに、獲物を全て一人で山から下ろすことができた。下降線を辿る身体能力と積み重なってゆく経験。二つの曲線が重なる点の座標を高く保とうと、必死に努力を続けてきた。そしてその一点を、遂にヒグマが踏んでくれたのだ。

改めて、なぜ僕はヒグマを仕留められたのかを考えてみる。理由の一つは、山全体を見るようになったことだろう。木を見て森を見ず、という格言もある。熊を獲ろうとするあまり、熊だけを血眼になって探しても見つかりはしない。山菜やキノコ、木の実、魚、鳥。風と、光と、土の匂い。そういったものを遍《あまね》く見つめ、体の隅々までを使って山の総意を捉えてゆく。泥に埋もれた底辺を丹念に探らない限り、雲の彼方に霞む頂点は見えてこない。

そして最大の要因は、詰まるところ、実直に山に通った、という一点に尽きるのではないか。目に見えない熊のイメージを摑まえるのは、白い紙に夜空の月を描くのに似ている。その輪郭は、山肌という名のキャンバスを自分の足でひたすら塗り潰すことでしか浮かび上がってこない。獲れるから行く、獲れないから行かない、ではないのだ。どれだけ獲れなくても、ひたむきにヒグマを求めて山に足を運ぶ。その時点で僕は既に、少しずつ熊撃ちになっていったのではないだろうか。そして獲った翌日だろうが、これまでと変わらず山を歩く。僕が熊撃ちであり続けるために。

熊撃ちになるということは、単にヒグマを仕留めるだけのことではなかった。悪く言えば、自分が常軌を逸しているのを、気にも掛けない人間であること。敢えて良く言わせてもらえば、己の信念に命を懸けられる人間である、ということだ。あの時、僕は迷いなく引き金を引いた。これからもそれは変わらず、変わってはならない。

だからその後も僕は、仕事でない日は全部山に行った。子熊たちの頭の骨は、肉を丹念に取り除いて綺麗にした。子熊を撃ったF氏がそうしていたように、それを山にお返ししたかったのだ。彼らを仕留めた場所に頭骨を供え、地面に酒をかけて祈る。子熊が登っていたトドマツの木を改めてよく見ると、細く小さな爪の跡が残っていた。幹を登ろうと上を目指し、ずり落ちているのが、爪痕からも見て取れる。またしても胸が締め付けられる。生後8ヶ月。あまりに幼い。樹皮に刻まれているのは、何も分からないままに母親を撃たれ、それでもなんとか生き延びようと彼らが懸命に足掻いた闘いの跡だ。僕を真っ直ぐに見つめた、あどけない、しかし恐怖に満ちた子熊の目が心に浮かぶ。これからもきっと、事あるごとにその目は記憶の深淵から甦り、僕を凝視し続けるのだろう。

なぜ山神は、僕に親子熊を遣わせたのだろう。雄であれば1頭で済んだのに。母親を撃った結果、更に二つの命も奪わざるを得なくなった。誕生の結末は、常に死であること。喜びと悲しみは、表裏一体で切り離せないものであること。そうした自然界の理を、山神は僕に教えようとしたのか。いやむしろ、その苦悩やトラウマこそを、背負わせようとしたのではないか。

最後に、母熊が倒れていた木に辿り着く。根元に横たわっていた巨大な黒い姿が鮮明に思い出される。残っていた酒を全てかけ、僕もひと舐めする。目を瞑り、幹を抱く。山を巡る風の記憶を、掌と頬を通じて聞き取ってゆく。

空を仰ぎ見ると、分厚い雲の間から太陽が姿を現した。陽光を全身に浴びる。手を添えた木の天辺から、慈愛に満ちた力が降り注ぐ。光は、熊を、僕を、等しく照らす。大いなるものの掌の上に僕らは遊び、食うものと食われるものも姿形や立場を変えながら、ただひたすらにその巡りの中に在り続ける。僕を見下ろしているのは、天に昇った母熊か、或いは山神自身なのだろうか……。

不意に、当たり前のことを思い出した。ヒグマは、アイヌの言葉でキムンカムイ。山の神だ。彼らこそが神そのもの。生ける山神。熊と、山と、神の間に、そもそも境はないのだ。

そして、もしかしたら、この僕との間にも。

置き手紙

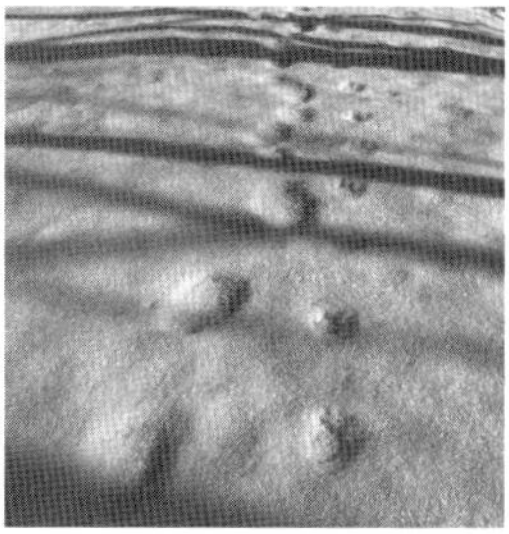

10月半ばに熊を撃ってからの2ヶ月。僕は同じ山に通い続けた。しばらくそこにヒグマは定住しなかったが、1ヶ月後、今度は大きな雄熊が居着いた。彼のことを僕は勝手に「熊五郎」と名付け、必死に追いかけた。ニアミスは2回ほどあったが、結局、熊五郎は足跡以外を僕に見せてはくれなかった。完敗だった。そして熊五郎もまた、姿を現さないままに、数々の物語と学びを僕に授けてくれた。

その山が完全に雪に閉ざされ、熊五郎が寝てしまってからはフィールドを替えた。それまで狩猟同行を待ってもらっていた希望者を順番に連れて、鹿の多いエリアに通った。狩猟についで語る催しを開いては、これまでの体験から学んだことを共有し、鹿や熊の肉をふるまった。週末のたびに新しい物語が生まれ、盟友が増えていった。僕の休日は狩猟一色のままで、僕はそんな生活に甚《いた》く満足していた。

ところが、楽しい日々も、いつかは終わりを告げる。再び転勤の辞令が下り、年度替わりの4月1日から6年ぶりに僕は東京のオフィスに戻されることになった。残念だが、会社勤めの身としては致し方ない。とはいえ本当は、東京に帰りたくないと駄々をこねる僕の希望を甘んじて受け入れ、通常は3年が任期のポジションにその倍も長く置いてくれた会社に感謝しなくてはならないのだが。


東京へのフライトを控えた3月29日。この猟期最後の山行は、5シーズンにわたる北海道での狩猟生活の締めくくりでもあった。同行希望者の皆には申し訳ないが、久しぶりに一人で山を歩くことにした。目指すはもちろん、〝ヒグマ追いしかの山〟だ。猟期の長いエゾシカと違って、ヒグマはもう今の時期には撃てない。それでもよかった。とにかく最後にもう一度、挨拶に行きたかったのだ。

3ヶ月以上ぶりに舞い戻った、馴染みの地。早朝から歩き始めた。春の日差しが燦々と降り注ぐ。暑くてジャケットを脱ぐが、足元は未だにスノーシューがないと膝まで雪に沈む。

山の奥へ、歩を進める。木立の中で見つけたのは、銀色に輝く丸々とした冬芽《ふゆめ》。キタコブシだ。びっしりと冬毛に覆われた鱗片《りんぺん》の内側には、春への期待と歓《よろこ》びが漲っている。モノトーンだった山に、彩りも戻ってきた。雪の上に散らばる鮮やかな赤、黄色、緑。まるでイタリアンサラダのような色使いは、ヤドリギの実が弾けたものだ。ヤドリギは寄生植物。日当たりの良い高木の枝に根を食い込ませて水分や栄養を奪う、なんとも図太いライフスタイルだ。見上げてみると、あるわあるわ。こんもりとしたヤドリギが枝という枝に茂っていて、まるで鳥が大挙して巣を作ったようにも見える。種は透明な液に覆われ、雪の上から拾い上げると驚くほどの粘り気を持つ。鳥に食べられることで空中を移動し、止まった枝で排出されると、そこに貼り付いて成長してゆく。樹木であるにもかかわらず、大地に根を下ろすという常識を捨て去る大胆さと、自らの運命を完全に鳥に託してしまう潔《いさぎよ》さは、人間には到底真似できるものではない。

ふと、獣の気配を感じる。立ち並ぶトドマツの合間に美しい雌鹿が1頭、気高く佇んでいた。目を合わせたまま、いつもの作法を繰り返す。ひざまずく。見つめる。息を吐き半分で止める。人差し指を静かに撓《たわ》める。僕が膝をついた雪原の延長線に、鹿はゆっくりと横たわった。山神からの餞別に、感謝の祈りを捧げる。

林道を歩くうちに、熊の足跡を見つけた。小ぶりの雌。その隣に並ぶ足跡はもっと小さい。2頭連れの親子。兄弟はいないようだ。厳しかったこの冬を、よくぞ無事に越してくれた。頑張ったね、と話しかける。秋に、ある親子を死に至らしめながら、春には別の親子の生を祝福する。これは自分勝手な感情なのだろうか。矛盾した思考なのだろうか。いや、そうではない。動物は皆、自分が生きるためには他の命を食べなくてはならない。生きる喜びと、死ぬ悲しみは、まるで吸った息を吐くように、自然なひと繋がりとして存在している。僕は熊に憧れ、熊を敬う。心から熊を愛しながら、これからも彼らを狙ってゆく。ふたすじの足跡はやがて林道を外れ、山奥へと入っていった。

そろそろ帰ろう。最後に、10月に親子熊を獲った場所へ向かう。まず、母熊が横たわっていたトドマツの前に立つ。太い幹を両手で抱える。柔らかな日差しに包まれると同時に、体の奥底からも温かさが込み上げてきた。既に僕の体の一部となった熊。魂の根幹に入り込んでいる、あの日の記憶。それらが共振し、発熱しているのを感じる。あなたの分まで誠心誠意、自分の生を全うします、と誓った。

続いて、僕を哀願の目で見つめた子熊の木。悲痛な眼差しが心に甦る。時が経っても、やはりそれは癒えることなく、ただ悲しみのまま存在していた。この気持ちを忘れずに大切に抱え続けます、と約束した。

最後のトドマツ。1頭目の子熊がつけた浅い爪痕は、まだ幹の表面に見てとれた。今は亡き子が、この世に確かに存在していたことを記した唯一の証拠。一つ一つの爪痕を順番に辿ってゆく。幹を登る。止まる。そして、ずり落ちる。懸命に生きようとした命が尽きていった地面を見つめていた僕の目に、不意に飛び込んできたものがあった。

雪が解け始めてようやく顔を出してきた、木の根元。そこにもう一つ、爪痕があったの

トドマツの根元に刻まれた母熊の爪痕

だ。子熊ではない。慌てて周りの雪を掘ってどかす。これは大人の熊の爪痕。大きさからすると、あの母熊のものだ。木肌が傷ついている質感から見て、爪痕が付けられたのは、子熊が木を登ったのと同じ時。間違いない。だとしたらなぜ、母熊は根元に爪を立てたのか。あの日、あの時。ここで何が起きていたのか。是が非でも知りたい。うっすらとした幼子の爪痕と、力強く木肌に食い込んだ母親の爪痕を前に考え込む。上下に並んだ二つの魂の名残は、一体何を物語っているのか。彼らの命を引き継いだ者として、何としても謎を解き明かさねば。僕は地面にしゃがんで熊の目線になり、右手の爪をそこに重ねてみた。母熊の爪痕という鍵穴に、僕の意識を差し込んだ瞬間——。錠前は砕け散った。

そうか。そうだったのか。

あなたは子供を木の上に逃がそうと、ここに爪を突き立て、踏ん張った。そしてあの子を押し上げたのだ。もう自分が助からないことを悟り、命が消え去ろうとするまさにその時。せめて我が子だけは生き抜いてほしいと、最後の力を振り絞ったのだ。なんと崇高な愛。子を想う母の気持ちに、人も獣も違いはなかった。

何かが、僕の中で音を立てて弾けた。それは、驚きと、感動と、尊敬と、悲しみと、喜びと、ありとあらゆる感情が全部混ざった、何か、としか言いようのないもの。この世界に、命という奇跡を誕生させた、原始の混沌。

母が、木肌に爪で刻みつけた置き手紙。そこには、たった一言の願いが記されていた。

「いきて」——。

力強く打ち鳴らされる鼓動が峰々にこだまし、大地を揺さぶり、水を滾《たぎ》らせ、空の彼方へと果てしなく広がってゆく。

いきて

いきて

いきて

Epilogue

「理由」の欄に、「一身上の都合により」と書いた。

50代を迎え、自分に残された時間を現実的にカウントするようになった。光陰矢の如し。体力と気力が充溢しているうちに動かねば。僕は身軽になる必要があった。より大きな自由を手に入れたいと欲していた。そのために、これまでに背負い込んできた色々なものを下ろしてゆこう。

まず僕は、職業というものから手放してみることにした。北海道から東京に戻って、僅か1年。僕は24年間勤めた職場に別れを告げた。気負いもなければ、悔いもなかった。

風を、感じている。それはずっと前から吹いていた。奇跡のような導き。かけがえのない出会い。動物たちとの言葉なき対話。山神の教え。帆は、既に僕の中にあった。でも畳まれていた。港に繋がれていた船は、どこまでも続く水平線の夢を見ていた。錨《いかり》を切り捨て、まだ見ぬ新大陸へと向かう航海を待ち望んでいた。時という潮は満ちた。今こそ高く帆を揚げ、風を孕《はら》ませよう。いざ、出航だ。

「大地の一部、水の一部」となるための旅路。僕は東京をあとにすることにした。寒さの季節には、北海道の山に獣を追う。暑さの頃はユーコンで過ごし、先住民の神話や叡智についての学びを深める。夢だった生活が実現する日が、すぐそこまで来ている。

トーキングスティックを、この手に握らせてもらったと思っている。だからこれまでの歩みを、この世を巡る教えを、ここに書き留めた。僕が体験してきたこと、学んだことが、少しでも今の世の中の、また次の世代の役に立ってくれるよう、祈るばかりだ。

この杖は、僕のものであって僕のものではない。それはこれを読んでくれている、あなたのものでもある。大切な物語は、何も特別な場所に隠されているわけではない。本当は手の届くところに数限りなく浮かび、足元に転がり、語り手を探している。問題は語り手のほうがそれに気付き、摑まえられるかだと、僕は思っている。そしてその語り部には、誰でもなれるはずだ。

あなたも、自分のトーキングスティックを握りしめてほしい。胸を張って勇気を示し、進むべき道を照らし出す。そして時空を超えて響き続ける理を、語り継いでほしい。

命は、そのために、在るのだから——。

＊

物語が本に記されているとは限らず、
想いが手紙だけに認《したた》められているわけではない。

無限のストーリーとメッセージが、
大地に刻まれた足跡に、
空を流れる雲に、
煌めく小川のせせらぎに、
絶え間なく描かれ続けている。

山に生きる僕も、壮大な叙事詩の中に役を与えられた者の一人。
大いなるものが紡ぎだす生命讃歌を、共に謳《うた》おう。
誇り高き雄鹿が、深雪をものともせず駆けるように強く、
麗しき母熊が、命懸けで我が子を守るように優しく、
果てることのない物語を、共に綴《つづ》ろう。
彼らと同じく、脚というペンが折れ、血潮というインクが尽きる、その時まで。

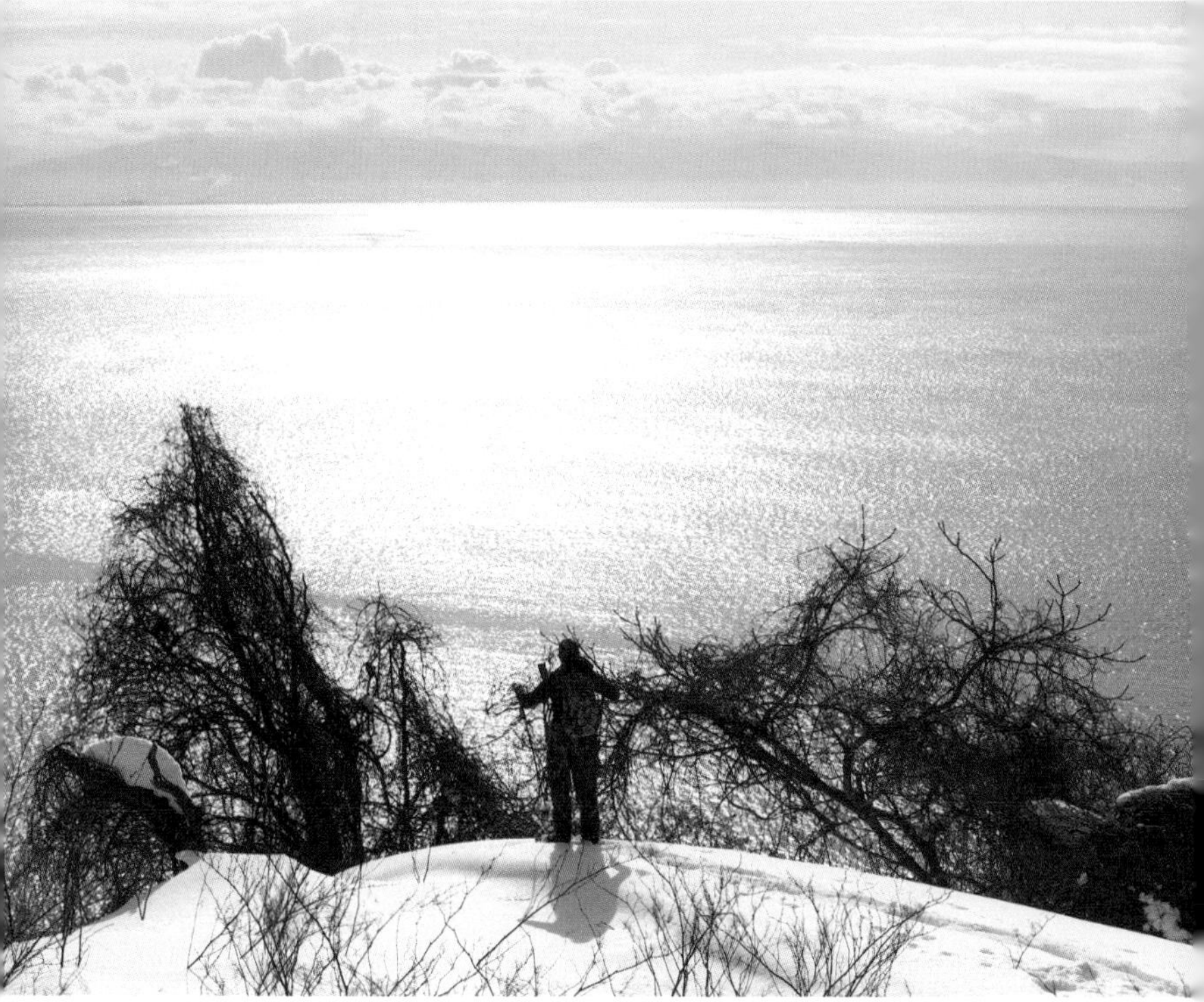

大地に根ざし、水へと還りゆく。長い旅の途上にて

あとがき

狩猟と執筆、また野生動物と執筆は、それぞれとても似ているように感じている。鹿を撃つ時。数秒の間に狙いを定めて引き金を引く必要がある。文章も同様。書くべきイメージがふと立ち止まり、僕を見つめているうちに仕留めない限り、雲散霧消してしまう。どうしても一気に仕上げられない時には、断片的な言葉だけでも書き留めておく。覚え書きという名の足跡を残すのだ。後日、僕は紙面というフィールドで追跡を再開する。しかし徐々に雪に埋もれ、風に崩される鹿の足跡同様、事が起きた瞬間に味わった深い感動やビビッドな心の揺れは、時が経つほどに茫洋となる。それでも一字一字を懸命に手繰り寄せながら、記憶の荒野を歩む。出来上がった文を読み返し、当時気付かなかった新たな意味を見出しては、また書き直す。あるモチーフを、肉食動物の如く一瞬で噛みちぎり、草食動物さながらにしつこく反芻するのだ。

狩猟と同じく多くの獲物を逃しながらも、心の片隅に引っ掛かっていたものたちを、なんとか文字に繋ぎ止めて仕立てたのが、この本だ。狩猟同行者が僕の大切な仲間であるのと同じく、最後まで読んでくださった皆様のことも既に友人のように感じている。いつか一緒に、山に獣を追う日が来ることを願っている。

最後に、この本が世に出るにあたってお世話になった方々に御礼を申し上げたい。僕の師であるKeith Wolfe Smarchさんと、藤澤正裕《まさひろ》さん。狩猟の写真を撮り続けてくれた大川原敬明《ひろあき》さんと共に、ひとつの成果を残せたのは無上の喜びだ。旅をテーマにした多国籍ダイニングのマスターであり、色々な人たちとの繋がりをもたらしてくれた林成樹《しげき》さん。筆の遅い僕の原稿を待ち続け、あらゆる我儘に辛抱強く耳を傾けてくださった小学館の関哲雄さん。

頑強な体に産んでくれた母と、厳しさと深い愛情で鍛えてくれた父。父は作家になるのが夢で、数冊の本を自費出版した。今は認知症を患い、言葉を操ることもままならない。それでも出版済みの自著を、本人以外は読めない字で真っ黒になるまで修正を続けている。父の夢は息子が引き継ごう。小学生だった僕に父が買ってくれた広辞苑は、父と子を繋ぐトーキングスティックだ。今回の執筆でも活躍し、頁を繰るたびに叱咤激励が聞こえるようだった。

僕が授かった鹿や熊は、本に登場したものもそうでないものも僕の体と魂の一部となり、鼓舞し続けてくれた。僕を導いてくれる美しき山神にも、心からの謝意を伝えたい。

そして常に僕の心の根幹に在り続ける、旅。いつか僕の足が萎えて歩けなくなろうとも、この杖が、旅の伴侶となってくれますように。

果てしなき旅は続き、大いなるものの懐で、命と愛と真理はとこしえに巡り続けるのだ。

参考資料

"Part of the Land, Part of the Water"
（Catharine McClellan, Douglas & McIntyre 1987）

『アラスカ 光と風』
（星野道夫著／福音館書店 1995）

『森と氷河と鯨 ワタリガラスの伝説を求めて』
（星野道夫著／世界文化社 1996）

『新版 悠久の時を旅する』
（星野道夫著／クレヴィス 2020）

『地球交響曲 第三番 魂の旅』
（龍村仁著／角川書店 2003）

『令和3年度 エゾシカ推定生息数等について
北海道エゾシカ管理計画（第6期）』
（発行 北海道 環境生活部 自然環境局 HP 2022）

『有害鳥獣の捕獲後の適正処理に関するガイドブック』
（発行 国立環境研究所他 2019）

『新版 動的平衡 生命はなぜそこに宿るのか』
（福岡伸一著／小学館 2017）

『牛のと畜・解体技術の改善について』
（発行 公財 日本食肉生産技術センター 2021）

『サピエンス全史』
（ユヴァル・ノア・ハラリ著／河出書房新社 2016）

『動物の漢字語源辞典』
（加納喜光著／東京堂出版 2021）

『クマにあったらどうするか』
（姉崎等・片山龍峯著／木楽舎 2002）

『羆撃ち久保俊治 狩猟教書』
（久保俊治著／山と渓谷社 2021）

黒田未来雄（くろだ・みきお）

1972年、東京生まれ。東京外国語大学卒。1994年、三菱商事に入社。国産自動車のアフリカ諸国への輸出を担当。1999年、NHKに転職。ディレクターとして「ダーウィンが来た！」などの自然番組を制作。北米先住民の世界観に魅了され、現地に通う中で狩猟体験を重ねる。2016年、北海道への転勤をきっかけに自らも狩猟を始める。2023年に早期退職。狩猟体験、講演会や授業、執筆などを通じ、狩猟採集生活の魅力を伝えている。

https://huntermikio.com

写真撮影／大川原敬明・筆者
装幀／河南祐介（FANTAGRAPH）
本文DTP／ためのり企画
校正／西村亮一
編集／関 哲雄

獲る 食べる 生きる
狩猟と先住民から学ぶ〝いのち〟の巡り

2023年8月1日　初版第1刷発行

著　者　黒田 未来雄
発行者　三井 直也
発行所　株式会社 小学館
〒101－8001　東京都千代田区一ツ橋2－3－1
電話　編集 03－3230－5951
　　　販売 03－5281－3555
印刷所　萩原印刷 株式会社
製本所　株式会社 若林製本工場